航空类专业职业教育系列教材

燃气涡轮发动机原理与结构

主　编　刘　熊
副主编　刘　超　王　渊

西北工业大学出版社
西安

【内容简介】 本书分为 12 章,主要内容包括发动机概述,基础知识,进气道,压气机,燃烧室,涡轮,喷管,轴承、封严和附件传动,发动机特性,涡轮轴发动机,涡轮螺旋桨发动机以及螺旋桨等。每章后附有思考题,供读者复习思考使用。本书涵盖了民航各大中型现役主流机型的燃气涡轮发动机的相关内容,使用了大量的原理图和清晰的发动机相关图片,使读者易于理解。

本书可作为高等学校飞机机电相关专业燃气涡轮发动机课程的教材,也可供航空公司、飞机维修公司和发动机部件修理公司的工程技术人员培训和自学使用。

图书在版编目(CIP)数据

燃气涡轮发动机原理与结构/刘熊主编. —西安:西北工业大学出版社,2023.1

航空类专业职业教育系列教材

ISBN 978 - 7 - 5612 - 8640 - 1

Ⅰ.①燃… Ⅱ.①刘… Ⅲ.①航空发动机-燃气轮机-职业教育-教材 Ⅳ.①V235.1

中国国家版本馆 CIP 数据核字(2023)第 059050 号

RANQI WOLUN FADONGJI YUANLI YU JIEGOU

燃 气 涡 轮 发 动 机 原 理 与 结 构

刘熊 主编

责任编辑:华一瑾		策划编辑:华一瑾	
责任校对:孙 倩 王 水		装帧设计:李 飞	
出版发行:西北工业大学出版社			
通信地址:西安市友谊西路 127 号		邮编:710072	
电 话:(029)88493844 88491757			
网 址:www.nwpup.com			
印 刷 者:陕西向阳印务有限公司			
开 本:787 mm×1 092 mm		1/16	
印 张:14.5			
字 数:362 千字			
版 次:2023 年 1 第 1 版		2023 年 1 第 1 次印刷	
书 号:ISBN 978 - 7 - 5612 - 8640 - 1			
定 价:68.00 元			

如有印装问题请与出版社联系调换

前　言

　　燃气涡轮发动机是现代大中型民用航空飞机的动力装置,是飞机的"心脏"。发动机安全、可靠和高效的工作是飞机安全和经济飞行的必要条件。飞机机电维修人员掌握燃气涡轮发动机的原理、结构及系统等相关知识,对于正确、快速维护飞机发动机起到至关重要的作用。

　　根据民用航空飞机发动机维修专业人才培养方案,为"燃气涡轮发动机"课程分为《燃气涡轮发动机原理与结构》(本书)和《燃气涡轮发动机系统》两部教材。本书根据高等职业教育的特点,对接行业标准,内容紧扣《民用航空器维修人员执照管理规则》(CCAR-66R3)和《民用航空器维修人员执照基础部分考试大纲》中的基础知识 M5 模块"航空涡轮发动机"培训大纲,以民航各大中型现役主流机型和最新机型的燃气涡轮发动机的相关内容为主,使用了大量的原理图和清晰的发动机图片,便于读者将理论知识与实际应用相结合。

　　本书编写分工为:第 1～4 及 12 章由刘熊编写,第 5～7 章由刘超编写,第 8～11章由王渊编写。全书由刘熊整理统稿。

　　在编写本书的过程中,笔者参阅了相关中、英文文献和飞机发动机维护手册等技术资料,同时得到了广州民航职业技术学院各级领导和民航企业的大力支持和帮助,在此一并表示最诚挚的谢意。

　　由于笔者水平所限,书中不妥之处在所难免,恳请各位专家和读者批评指正。

编　者

2022 年 8 月

目　录

第1章 发动机概述

▶学习目标

　　1.掌握喷气发动机的分类,重点掌握涡轮喷气发动机、涡轮螺旋桨发动机、涡轮风扇发动机和涡轮轴发动机的结构与工作特点。

　　2.掌握燃气涡轮发动机的一般组成,以及燃气涡轮发动机的常用站位划分。

　　3.掌握燃气涡轮发动机的推力产生原理,理解发动机的三种效率之间的关系。

　　4.掌握衡量燃气涡轮发动机推力性能、经济性能和使用性能的指标参数,了解为了满足飞行安全而对发动机的基本要求。

　　发动机作为飞机的心脏,是一个热机,能将燃料燃烧的热能转变为机械能。自 1939 年 9 月 27 日装有涡轮喷气发动机的飞机在德国首次试飞成功以来,燃气涡轮发动机有了飞速发展。燃气涡轮发动机是将转动的压气机和涡轮连接在同一根轴上,两者之间装有燃烧室,空气连续不断地被吸入压气机,并在其中压缩增压后,进入燃烧室中喷油燃烧成为高温高压燃气,再进入涡轮中膨胀做功。因此,燃气涡轮发动机结构简单、重量轻、推力大、推进效率高。目前除了一些小型飞机外,各种类型的燃气涡轮发动机已经取代了活塞式航空发动机,被广泛使用在各种类型的飞机上。尤其在大型、中型的民航客机和运输机上大量使用以"高增压比、高涡轮前燃气温度、高涵道比"为特征的民用涡轮风扇发动机。

1.1　喷气发动机的分类

　　喷气发动机是把燃料的化学能转化为发动机高速喷出燃气的动能,从而获得反作用力,推进飞行器飞行的发动机。根据燃料燃烧时所需要的氧化剂来源不同,通常可将喷气发动机分为两大类:①火箭发动机,燃料燃烧时所需要的氧化剂是自身携带的;②空气喷气发动机,自身只携带燃料而利用空气中的氧气作为氧化剂。

1.1.1　火箭发动机

　　火箭发动机自身带有燃料和氧化剂,燃料被点燃后在燃烧室中燃烧,将化学能转换成热能,产生高温高压的燃气。燃气流过喷管,在喷管中膨胀加速,将热能转换成动能,以极高的速度从喷管喷出,从而产生推进力。由于不需要外界空气来助燃,火箭发动机可以在大气层内、外工作。

根据所采用的推进剂不同,火箭发动机又可分为固体火箭发动机和液体火箭发动机两种,如图1-1所示。

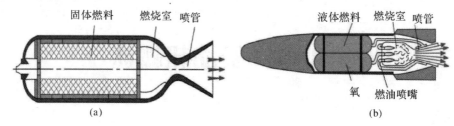

图 1-1 火箭发动机

(a)固体火箭发动机;(b)液体火箭发动机

1.固体火箭发动机

固体火箭发动机采用固体推进剂,例如黑色火药、聚氨酯、聚丁二烯、复合推进剂等。发动机本体由燃烧室和喷管等组成。

固体火箭发动机结构简单,但工作持续时间短,并且推力不容易精密控制。它可作为航天器和飞机的助推器,帮助起飞和加速;也可作为战术导弹,如美国的"麻雀"导弹、"不死鸟"导弹、"响尾蛇"系列导弹等的主推器。

2.液体火箭发动机

液体火箭发动机采用液体推进剂。例如液氢和液氧,煤油和液氧,偏二甲肼和液氧,偏二甲肼和四氧化二氮等。发动机由燃烧室、喷管、推进剂供应系统等组成。

液体火箭发动机的工作时间较长,它可反复启动,推力较易控制。它可作为航天器、战略导弹,如美国的"阿波罗"飞船、"民兵"系列导弹等的主推器。

1.1.2 空气喷气发动机

空气喷气发动机燃料燃烧时所需要的氧气从空气中获得,因而只能在大气层中飞行。空气喷气发动机通常可分为无压气机式和有压气机式两种。

1.无压气机的空气喷气发动机

无压气机的空气喷气发动机,空气的压缩是通过降低气流自身速度来完成的,没有专门的压气机。冲压发动机由进气道、燃烧室和喷管组成,没有任何主要的旋转部件,如图1-2所示。飞行时,迎面气流在进入发动机前和进入进气道内速度降低,压力、温度升高,然后在燃烧室内与燃料混合并燃烧,高温、高压的燃气在喷管内膨胀加速,最后向外喷出,产生推力。飞行速度越高,冲压作用越强,产生的推力也就越大,因此它适合作超声速和高超声速飞行。在低速飞行时,冲压作用弱,产生的推力小,经济性很差。飞行速度为零时不能产生推力,所以不能被单独使用,必须和其他类型的喷气发动机组合起来使用。

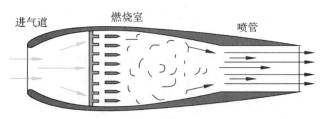

图1-2 冲压式发动机

2.有压气机的空气喷气发动机

有压气机的空气喷气发动机,是一种以空气为介质,将热能转换为机械能,靠高温高速的燃气来推动涡轮,涡轮带动压气机对空气进行压缩的动力装置。它可以分为涡轮喷气发动机(简称涡喷)、涡轮风扇发动机(简称涡扇)、涡轮螺旋桨发动机(简称涡桨)和涡轮轴发动机(简称涡轴)等4种。

(1)涡轮喷气发动机。涡轮喷气发动机主要由进气道、压气机、燃烧室、涡轮和喷管五大部件组成,如图1-3所示。典型涡轮喷气发动机的结构如图1-4所示。发动机工作时,空气经压气机压缩后,压力升高,随后进入燃烧室与燃料混合并燃烧,燃烧后产生的燃气流入涡轮,涡轮便在高温、高压的燃气驱动下旋转起来,从而带动压气机工作,最后燃气在喷管中膨胀加速,高速向外喷出,从而产生推力。其特点是,涡轮只带动压气机压缩空气,发动机的全部推力来自喷出的燃气流所产生的反作用力。

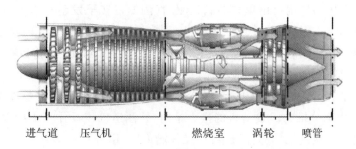

进气道   压气机   燃烧室 涡轮 喷管

图1-3 涡轮喷气发动机

图1-4 典型涡轮喷气发动机的结构

涡轮喷气发动机既是热机,同时也是推进器,它利用产生的机械能使发动机获得推力。

涡轮喷气发动机迎风面积小,具有较好的速度性能,但亚声速经济性差,适宜作超声速战斗机的动力装置。

(2)涡轮风扇发动机。涡轮风扇发动机由两个同心圆筒的内涵道和外涵道组成,在内涵道中装有压气机、燃烧室和涡轮,在外涵道中装有由低压涡轮带动的风扇,如图1-5所示。

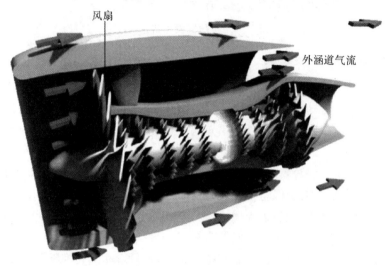

图 1-5 涡轮风扇发动机

涡轮风扇发动机的风扇可由单独的涡轮驱动(例如三转子发动机),也可以由低压涡轮驱动低压压气机的第1级(例如双转子发动机)。空气流经风扇后分成两路:一路是内涵气流,继续经压气机压缩,在燃烧室和燃油混合燃烧,产生的燃气经过涡轮和喷管膨胀,高速从尾喷管排出,产生推力;另一路是外涵气流,流经风扇后直接通过管道排到机外(短外涵)(见图1-6),或者一直流到尾喷管同内涵气流分别排出(见图1-7),或混合排出(长外涵)(见图1-8),从而产生部分推力。发动机的推力是内、外涵道气流反作用力的总和。外涵道空气流量与内涵道空气流量之比称为流量比,又称涵道比,用符号 B 表示。

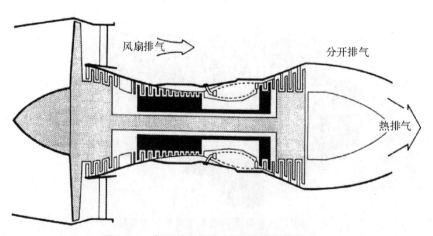

图 1-6 高涵道比短外涵涡轮风扇发动机

图 1-7　分开排气的涡轮风扇发动机

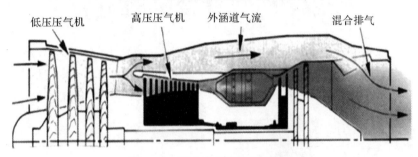

图 1-8　混合排气的涡扇发动机

总体上讲,涡轮风扇发动机主要有以下特点:

1)参与产生推力的空气流量大,推力由内、外涵推力组成。由于内、外涵空气速度增大都可以产生推力,因此,参与产生推力的空气流量较多,并且随着涵道比的增大,参与产生推力的空气流量更多。

2)起飞、复飞推力大。涡扇发动机,尤其是高涵道比涡扇发动机,设计的涡轮前温度较高,可有效提高发动机推力;同时由于主要通过提高外涵空气流量来提高发动机推力,当低速飞行时,气体动能增量因飞行速度的减小而增大,所以发动机起飞推力较大。这正满足了大型、重型民航机起飞、复飞时对发动机大推力的需求,可有效缩短起飞滑跑距离和提高飞机的中断、继续起飞性能,改善了飞机的飞行性能及安全性。

3)发动机的热效率较高。涡扇发动机,尤其是混合排气的涡扇发动机的热效率较高。其具体表现为:第一,由于涡扇发动机通常是双转子或三转子的发动机,压气机的防喘性能较好,压气机增压比设计较高,使热能的利用率提高,因此发动机热效率较高;第二,涡扇发动机由于压气机中间级防喘放气工作时,内涵高压空气可释放到发动机外涵,继续产生推力,可部分补偿推力损失;第三,外涵空气可吸收内涵部件的散热热量,提高外涵空气温度,有助于提高外涵推力,减小推力损失。

4)发动机的推进效率较高。涡扇发动机的部分燃气热能通过高效率的涡轮传递给风扇,风扇的工作效率高,有助于提高发动机推进效率;同时,内涵喷气速度降低,发动机离速损失减小,也有助于提高发动机推进效率。

高涵道比涡扇发动机的迎面尺寸大,不适合超声速飞行,通常作为高亚声速飞机的动力装置;对加力的低涵道比涡扇发动机而言,不仅可明显提高亚声速飞行时发动机的推进效率,改善亚声速飞行时的经济性,而且在超声速段($Ma = 2$ 左右)涡扇发动机的性能与涡喷发动机相当。因此,超声速战斗机也广泛采用带加力的低涵道比涡扇发动机。

(3)涡轮螺旋桨发动机。从结构上讲,涡轮螺旋桨发动机的基本组成与涡轮喷气发动机相同,包括压气机、燃烧室和涡轮。不同的是,涡轮螺旋桨发动机多了减速器,将发动机转速降低到适合螺旋桨工作的大小,如图1-9所示。典型涡轮螺旋桨发动机的结构如图1-10所示。

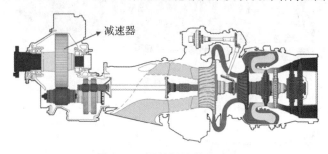

减速器

图1-9 涡轮螺旋桨发动机

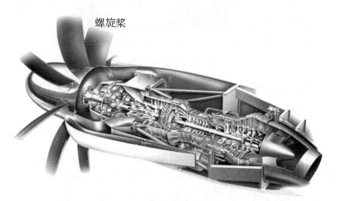

螺旋桨

图1-10 典型涡轮螺旋桨发动机的结构

涡桨发动机工作时,螺旋桨后的部分空气从进气装置进入发动机,在压气机中受到压缩,压力升高;然后在燃烧室中与燃油混合燃烧,产生高温、高压的燃气,燃气在涡轮中充分膨胀,大部分可用能量转换成涡轮机械功;涡轮带动压气机和(经减速器)螺旋桨转动,通过螺旋桨产生推进力,最后,燃气从排气装置中排出,产生少量推力。螺旋桨可由单转子发动机的转轴驱动,或由双转子或三转子发动机的自由涡轮(转轴与发动机内驱动压气机的轴不相连的动力涡轮)驱动,如图1-11所示。

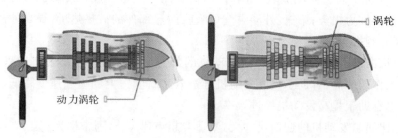

涡轮

动力涡轮

图1-11 驱动螺旋桨的两种形式

(a)增设动力涡轮;(b)依靠原有涡轮

总体上讲,涡轮螺旋桨发动机主要有以下特点:

1)发动机推进力主要来自螺旋桨拉力。涡桨发动机将绝大部分的燃气可用能量转变成涡轮机械功用来带动螺旋桨,以充分发挥螺旋桨在中、低速飞行时推进效率较高的优点;只有少量可用能量用来增加气体动能,从而大大降低了喷气速度与离速损失,提高了发动机推进效率。

2)发动机起飞推进力大,飞机起飞性能较好。当发动机传递给螺旋桨的功率一定时,随着飞行速度的降低,螺旋桨拉力增大。由于发动机推进力主要来自螺旋桨拉力,所以飞机起飞时涡桨发动机的推进力大,可有效缩短起飞滑跑距离,改善飞机的起飞性能。

3)在一定条件下,螺旋桨可产生较大负拉力,改善飞机着陆和中止起飞性能。当螺旋桨桨叶迎角为负迎角(可通过减小桨叶角实现)时,螺旋桨将产生负拉力。当飞机着陆(或中止起飞)时,可使螺旋桨桨叶迎角变为负迎角,从而为飞机提供负拉力,可有效缩短起飞滑跑距离和提高飞机的中断、继续起飞性能。

4)中、低速飞行时发动机经济性好。当飞机中、低速飞行时,由于螺旋桨的工作效率高,同时,喷气速度低,离速损失小,所以涡桨发动机推进效率高,经济性好。但是当飞行速度过高时,螺旋桨将产生较大的激波阻力,导致其效率急剧下降,发动机性能迅速变差。因此,涡桨发动机适宜做中、低速飞行飞机的动力装置。

涡桨发动机不仅中、低速经济性好,而且对起飞、着陆机场的要求不高,最适宜做中、低速支线民航机和运输机的动力装置。但是因为螺旋桨的噪声较大,对飞机的舒适性具有一定影响。随着螺旋桨性能的改进,涡桨发动机的应用前景将更广阔。

(4)涡轮轴发动机。其涡轮分为燃气发生器涡轮和自由涡轮,燃气发生器涡轮带动压气机,自由涡轮通过减速器带动外界负载(例如直升机的旋翼和尾桨等),如图1-12所示。自由涡轮和燃气发生器的涡轮只有气动联系,即流过燃气发生器涡轮的燃气再驱动自由涡轮,自由涡轮输出功率。此外,排气装置产生的喷气的反作用力几乎可以忽略不计。

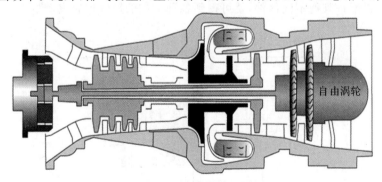

图 1-12　涡轮轴发动机

总体上讲,涡轮轴发动机主要有以下特点:

1)几乎将所有燃气可用能量通过动力涡轮输出。为了使发动机输出更大的功率,燃气在涡轮中膨胀,将几乎全部的可用能量通过动力涡轮输出,经减速器带动旋翼和尾桨,而喷气基本上不产生推力。因此,涡轴发动机基本上已演变成热机。

2)低速飞行时经济性好。由于直升机飞行速度一般都在低速范围($Ma<0.3$),同时因发动机排气速度较低,气流的离速损失很小,所以推进效率高,经济性好。目前大功率的涡轴发动机的经济性已与活塞式航空发动机相当。

3)工作环境较为恶劣。直升机一般执行短程飞行任务:一方面因为直升机在起飞、爬高和悬停时,发动机经常处在大功率状态且状态多变,机件容易疲劳损伤;另一方面因为直升机经常在野外频繁起降,而且飞行高度较低,发动机容易受到外来物的侵袭。

4)应用广泛。由于涡轴发动机基本上演变成了热机,动力涡轮轴输出的功率可以带动许多地面装置。较其他热机,涡轴发动机在功率质量比、转子振动、启动性和加速性、发动机噪声、使用寿命及维护性能等方面有明显的优势。所以除直升机外,涡轴发动机在非航空领域也得到广泛应用,如可作为舰船、坦克、机车的动力装置,可用于发电设备、石油及天然气输送设备等。

涡轴发动机制造成本较高,因此小功率的涡轴发动机经济性不好。但是涡轴发动机由于在性能上具有明显优势,因此已占直升机动力装置的统治地位,在非航空领域也得到了广泛应用,发展前景广阔。

3. 小结

各种类型的燃气涡轮发动机都具有一个共同的特点:首先将空气和燃油转变成高温高压的燃气,发生燃气的部件,即压气机、燃烧室和涡轮称为燃气发生器(见图1-13)。燃气的能量或在尾喷管内继续膨胀,高速喷出产生推力,或在后续涡轮内继续膨胀获得机械功,带动风扇、螺旋桨或其他装置,因此形成了不同类型的燃气涡轮发动机。通常将位于燃气涡轮发动机中心,工作在高温、高压和高转速状态的高压转子和燃烧室称为核心发动机。它是燃气涡轮发动机的关键部件,也是对技术要求最高的部件,能够很大程度上决定发动机的性能。好的核心机配备其他不同部件,就可得到各种类型的燃气涡轮发动机。

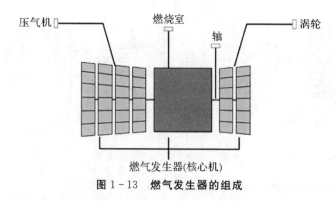

图 1-13 燃气发生器的组成

当前,在民航使用最广泛的燃气涡轮发动机是涡轮风扇发动机,如 CFM56、PW4000、

GE90、RB211 和 Trent 系列等,它们代表了目前民航发动机的水平。其特点是普遍采用跨声速的压气机、高性能短环形的燃烧室、高温高负荷的燃气涡轮,从而使发动机总增压比可达 20 以上,涡轮进口燃气温度达 1 700 K,再加上发动机涵道比可达 4 以上,就构成了"三高"的涡轮风扇发动机。这主要是为了满足大中型客机起飞推力大、耗油率低、噪声小、排气污染小、降低运费和便于维护的要求。

1.2 燃气涡轮发动机简介

1.2.1 涡轮喷气发动机的一般介绍

单转子涡轮喷气发动机是现代航空燃气轮机的基本形式,也是发展其他航空燃气轮机的基础。为了在不同的飞行条件下,提高理想循环功和推进效率,演变出多种类型的燃气涡轮发动机。

为了表述方便,对单转子涡喷发动机用数字表示发动机的站位,如图 1 - 14 所示,其数字含义如下。

(1)0 站位:发动机的远前方,这里的气流参数为 p_0 等。

(2)1 站位:进气道的出口,压气机的进口,气流参数为 p_1 等。

(3)2 站位:压气机的出口,燃烧室的进口,气流参数为 p_2 等。

(4)3 站位:燃烧室的出口,涡轮的进口,气流参数为 p_3 等。

(5)4 站位:涡轮的出口,喷管的进口,气流参数为 p_4 等。

(6)5 站位:喷管的出口,气流参数为 p_5 等。

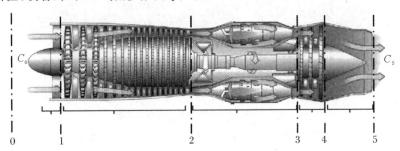

图 1 - 14 单转子涡喷发动机站位

0 站位—远前方自由气流;1 站位—进气道出口(压气机进口);2 站位—压气机出口(燃烧室进口);

3 站位—燃烧室出口(涡轮进口);4 站位—涡轮出口(喷管进口);5 站位—喷管出口

单转子涡轮喷气发动机主要由进气道、压气机、燃烧室、涡轮和喷管五大部件组成,进气道将足够的空气量,以最小的流动损失顺利地引入到压气机;压气机通过高速旋转的叶片对空气做功,压缩空气,从而提高空气的压力;在燃烧室中,空气和燃油混合、燃烧,将化学能转变为热能,产生高温高压的燃气;燃气在涡轮内膨胀,向外输出功,去带动压气机及其附件工作;在喷管中,燃气继续膨胀、加速以高速排出。它的涡轮只带动压气机,涡轮后的燃气直接排入大气,产生推力。

发动机是产生动力的核心部件,但如果没有其他系统的配合就不能工作。发动机的工作系统是确保发动机正常工作的有机组成部分,主要有燃油系统、点火系统、启动系统、滑油系统、防冰系统和防火系统等。

发动机燃油系统的主要作用是:根据发动机油门和飞行条件的变化,在各工作状态下,将清洁的、无蒸汽的、增压的、计量好的燃油供给发动机,同时向发动机附件系统提供伺服压力燃油来操纵发动机附件,并确保发动机安全、稳定、可靠地工作。

发动机点火系统是在发动机启动和正常工作时,使点火电嘴适时地产生电火花,可靠地点燃混合气。

发动机启动系统是将发动机从静止状态顺利加速到慢车状态,并确保发动机的启动过程迅速、可靠。

发动机滑油系统的主要作用是:用滑油对燃气涡轮发动机的齿轮、轴承进行润滑和冷却。

发动机防冰系统的主要作用是:当预计存在发动机积冰的条件时,接通发动机防冰装置,防止发动机结冰,确保发动机正常工作。

发动机防火系统的主要作用是:当发动机出现严重过热或火警时,接通发动机灭火装置,防止发动机严重损坏,影响飞行安全。

双转子涡喷发动机的站位表示方法与单转子相似,但是表示站位的下标有所不同。双转子涡喷发动机用数字表示发动机的站位,如图 1 - 15 所示。

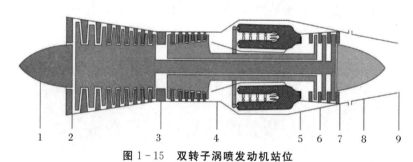

图 1 - 15 双转子涡喷发动机站位

1 站位—进气道;2 站位—低压压气机;3 站位—高压压气机;4 站位—燃烧室;5 站位—高压涡轮;
6 站位—低压涡轮;7 站位—尾管;8,9 站位—喷管

1.2.2 涡轮风扇发动机的一般介绍

双转子涡轮风扇发动机的主要组成部件包括进气道、低压压气机(包括风扇和增压器)、高压压气机、燃烧室、高压涡轮、低压涡轮和喷管等。进入发动机的空气被分为两路,进入内涵道的气流称为主气流,进入外涵道的气流称为次气流。主气流流经低压压气机和高压压气机并被压缩,压力提高,进入环形燃烧室被加热,温度升高,气体快速膨胀并以极快的速度排出燃烧室去驱动高压涡轮和低压涡轮,并通过附件传动齿轮箱驱动发动机和飞机附件,附

件传动齿轮箱是由高压转子驱动的。高速向后喷出的内涵气流和外涵气流产生了向前的推进力量,因此,涡轮风扇发动机的推力是内、外涵道气流反作用力的总和。

涡扇发动机的站位(截面)是由发动机生产厂自己规定的,同发动机的转子数目相关,双转子涡扇发动机用数字表示发动机的站位,如图 1-16 所示。

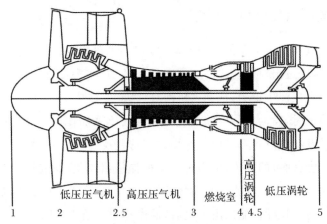

图 1-16 双转子涡扇发动机站位

1 站位—发动机进口;2 站位—风扇进口;2.5 站位—低压压气机出口(高压压气机进口);

3 站位—高压压气机出口;4 站位—高压涡轮进口;4.5 站位—低压涡轮进口;5 站位—低压涡轮出口

发动机不同,表示站位的下标有所不同,站位规定可以从发动机手册中查到,CFM56-7B 发动机的站位如图 1-17 所示。

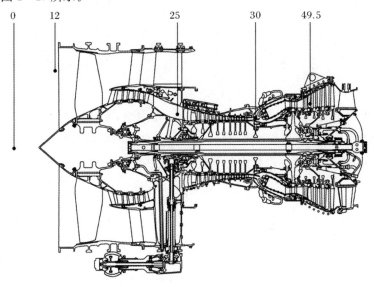

图 1-17 CFM56-7B 发动机站位

0 站位—环境大气;12 站位—风扇进气口;25 站位—高压压气机进口;

30 站位—高压压气机排气口;49.5 站位—第 2 级低压涡轮进口导向器

1.3 燃气涡轮发动机的推力和效率

1.3.1 涡轮喷气发动机的推力

涡轮喷气发动机不同于活塞式航空发动机,它既是热机,又是推进器。作为热机,它把热能转换为机械能,以进出口动能之差表示它的循环功;作为推进器,是因为它进出口速度的变化,有动量差,直接产生推力,推动飞机前进,完成推进功。

气流流过发动机时,发动机的内壁及各部件对气体施加作用力,使其动量发生变化,而气体必然同时给予发动机及各部件以反作用力。这些反作用力在轴向分力的合力即推力。严格地说,涡轮喷气发动机的推力,应当是发动机提供给飞机,来克服飞机前进的阻力或使飞机加速而做功的力,通常也称为涡轮喷气发动机的有效推力。例如发动机在机翼下外挂,则发动机的有效推力是扣除短舱的阻力之后,通过挂架传给飞机的推力。

用牛顿第二、三定律说明推力的产生:空气以速度 C_0 流入发动机,而燃气以 C_5 流出发动机,如图 1-18 所示,C_5 大于 C_0,说明气体流过发动机时被加速。由牛顿第二定律可知,有力作用于气体;由牛顿第三定律可知,有作用力就有反作用力,因此,反作用力是气体对壳体的作用力,也就是推力。

图 1-18 推力的产生

发动机的推力 F 是发动机与空气之间的相互作用力,它包括两部分:流过发动机内部空气对发动机的作用力 F_{in} 与流过发动机表面空气对发动机的作用力 F_{out}。

根据动量方程得出流过发动机内部气流对发动机的作用力 F_{in} 为

$$\sum F_{in} = G_g C_5 - G_a C_0 \tag{1-1}$$

发动机外表面的大气对发动力在轴向上的分力为大气对发动机外部作用力 F_{out}

$$\sum F_{out} = (p_5 - p_0) A_5 \tag{1-2}$$

发动机的推力为

$$F = \sum F_{in} + \sum F_{out}$$

$$F = G_g C_5 - G_a C_0 + (p_5 - p_0) A_5 \tag{1-3}$$

由以上公式可看出推力由两部分组成:① 动量差 $G_g C_5 - G_a C_0$;② 喷管出口与外界的压

力差 $(p_5 - p_0)A_5$ 。当燃气在喷管出口完全膨胀时,如果忽略流经发动机的燃气和空气质量流量的差别,则

$$F = G_a(C_5 - C_0) \tag{1-4}$$

如果发动机要在地面台架上,即 $C_0 = 0$,则

$$F = G_a C_5 \tag{1-5}$$

式中:G_a—— 发动机的进口空气流量(kg/s);

$\quad\quad G_g$—— 发动机的出口燃气流量(kg/s);

$\quad\quad C_0$—— 发动机的进口空气速度(m/s);

$\quad\quad C_5$—— 发动机的出口燃气速度(m/s);

$\quad\quad p_0$—— 大气压力(Pa);

$\quad\quad p_5$—— 发动机的出口截面压力(Pa);

$\quad\quad A_5$—— 发动机的出口截面面积(m^2)。

1.3.2　涡轮喷气发动机的效率

涡轮喷气发动机既是热机,又是推进器。作为热机,它把热能转换为机械能;作为推进器,它将机械能进一步转变为推动飞机前进的推进功。涡喷发动机工作时,燃料燃烧后所释放出的热能,并不能全部用来对飞机做功,还有很大一部分能量在转换成推进功的过程中损失掉了,能量损失的大小可通过发动机的效率来描述。

1. 热效率 η_t

发动机气流动能增量与燃油完全燃烧所释放出的热量之比,称为涡轮喷气发动机的热效率,用 η_t 表示,即

$$\eta_t = \frac{机械能}{燃料的热能} = \frac{气流的动能增量}{燃料的热能} \tag{1-6}$$

它表明了涡轮喷气发动机作为热机的经济性。目前燃气涡轮发动机的热效率为25%～40%。

从发动机的推力产生可以看出,燃料燃烧释放出的热能,通过发动机各部件的工作,部分能量转换成气体的动能,使气体在发动机中获得速度增量,从而产生推力。燃料的理论释放热量,不可能全部转换成气体动能增量,其中损失的能量有以下几种。

(1)高温燃气自喷管喷出时所带走的热量。

(2)发动机表面的散热损失和滑油所带走的热量。

(3)燃烧室中不完全燃烧和燃烧产物的离解损失,因未释放出热能的燃料及中间燃烧产物的热量最终也随燃气排出发动机。

2. 推进效率 η_p

当飞机作等速平飞时,推力等于阻力,也就是发动机推力用以克服飞机前进的阻力而做

功。发动机的推进功率 N_p 就是推力 F 乘以飞行速度 C_0。

涡轮喷气发动机作为推进器，将发动机气流的动能增量转变为发动机的推进功。发动机的推进功与发动机气流的动能增量之比，称为涡轮喷气发动机的推进效率，用 η_p 表示，即

$$\eta_p = \frac{推进功}{机械能} = \frac{推进功率}{循环功率} \tag{1-7}$$

它描述了发动机由气体动能增量转变成飞机推进功过程中能量损失大小，表明了涡轮喷气发动机作为推进器的经济性。

将推进功率和循环功率代入式（1-7），得

$$\eta_p = \frac{FC_0}{G_a \dfrac{C_5^2 - C_0^2}{2}} = \frac{G_a (C_5 - C_0) C_0}{G_a \dfrac{(C_5 + C_0)(C_5 - C_0)}{2}} = \frac{2}{1 + \dfrac{C_5}{C_0}} \tag{1-8}$$

每千克气流损失的能量为

$$\frac{C_5^2 - C_0^2}{2} - (C_5 - C_0) C_0 = \frac{(C_5 - C_0)^2}{2} \tag{1-9}$$

排气速度与飞行速度差别越小，遗留在空中的动能损失越小，推进效率越高。目前燃气涡轮发动机的推进效率一般为 $50\% \sim 75\%$。

3. 总效率 η_0

涡轮喷气发动机的总效率表示加入燃烧室的燃油完全燃烧时释放出的热量，有多少转变为推动飞机前进的推进功，用 η_0 表示，即

$$\eta_0 = \frac{推进功}{燃料的热能} = \frac{推进功率}{每秒消耗燃料的热能} \tag{1-10}$$

它描述了发动机由热能转变成推进功过程中的能量损失大小，反映了发动机作为热机和推进器的完善程度，是表示发动机经济性的指标。目前，燃气涡轮发动机总效率约为 $20\% \sim 32\%$。

总效率和热效率、推进效率的关系（见图 1-19），用公式表示为

$$\eta_0 = \eta_t \cdot \eta_p \tag{1-11}$$

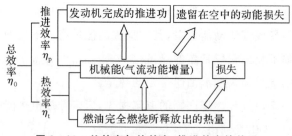

图 1-19 总效率与热效率、推进效率的关系

目前，涡轮喷气发动机在提高经济性方面还有一定的潜力：①可以提高热效率，改善循环参数，例如提高循环总的增压比和涡轮前燃气温度，或设计高效率的部件；②可以提高推

进效率,设法使排气速度和飞行速度之差减小。以上也是当前涡轮喷气发动机进一步发展的重要方向。

1.4　燃气涡轮发动机的主要参数

1.4.1　推力性能指标

推力是燃气涡轮发动机最主要的性能参数。

1. 推力

推力的国际单位制单位是牛顿(N)。我们知道,一般的发动机,包括活塞式航空发动机,都是以功率作为性能指标,而涡轮喷气发动机为什么要用推力呢?因为活塞式发动机输出的是功率,功率通过螺旋桨转变为拉力。螺旋桨是推进器,对飞机作推进功;而涡轮喷气发动机是热机和推进器二位一体,直接产生作用在飞机上的推力,对飞机作推进功。

推力虽然是一个重要的性能指标,但不能只以它的大小来衡量发动机性能的好坏,因为它并不表明发动机的尺寸、重量,以及该消耗多少燃油产生这样大的推力。因此,还必须引入其他性能参数,才便于比较和评估发动机性能的好坏。

2. 单位推力

发动机的推力与每秒流过发动机的空气质量流量之比,称为发动机的单位推力,即

$$F_s = \frac{F}{G_a} \tag{1-12}$$

单位推力是涡轮喷气发动机最重要的性能参数之一,它的意义是 1 kg/s 空气质量流量能产生多少牛顿的推力。在给定飞行条件、发动机尺寸和重量的情况下,单位推力越大,发动机的推力也就越大。

3. 推重比

发动机的推力和发动机的净重之比,称为推重比。

推重比是一个综合性的性能指标,不仅体现涡轮喷气发动机的气动热力循环水平(如高的单位推力),也体现其结构水平。目前,涡轮喷气发动机在地面时的推重比通常为 3.5～4,涡轮风扇发动机的推重比已达 8 以上。

1.4.2　经济性能指标

1. 燃油消耗量 G_f

发动机单位时间内消耗的燃油量称为燃油消耗量,单位为 kg/s 或 kg/h。

单位燃油消耗率便于比较发动机经济性能的好坏。

2. 耗油率 SFC

产生 1 N(或 10 N)推力每小时所消耗的燃油量,称为单位燃油消耗率。它是在一定飞行速度下的经济性指标,即

$$SFC = \frac{3\ 600\ G_f}{F} \qquad (1-13)$$

利用总效率的公式,可得

$$SFC = \frac{3\ 600\ C_0}{H_u \eta_0} \qquad (1-14)$$

式中:C_0——飞行速度;

H_u——燃料的热值。

在一定的飞行速度下,单位燃油消耗率和总效率成反比。由此可见,单位燃油消耗率在一定的飞行速度下,表示了发动机的经济性。

1.4.3　使用性能指标

除了推力性能指标和经济性能指标外,对于燃气涡轮发动机还有使用性能方面的要求。

1. 可靠性

发动机的可靠性是指发动机在各种工作状态下,能按照驾驶员的操纵,安全可靠地进行工作,在飞行中,不因外界条行变化而造成燃烧室熄火停车或发生机件损坏等故障。所以,可靠性是保证飞行安全的必要条件,这对民航来说,更是十分重要的条件。

目前在各种类型的燃气涡轮发动机上,装有各种检测装置和自动控制装置,采用了损伤容限和余度技术,应用了现代维修理论所提出的一整套科学维修方法,从而有效地提高了发动机的可靠性。

2. 启动迅速可靠

发动机由静止状态加速到慢车状态的过程叫启动过程。启动迅速可靠是指在保证安全的前提下,启动过程越短越好;无论在地面或空中,都要求成功率高,可靠性好。这对航班正点飞行很重要。

3. 加速性

快速推油门时,发动机转速上升的快慢程度,叫做发动机的加速性。通常以慢车转速上升到最大转速(或最大推力)所需要的时间,来表示发动机加速性的好坏,加速时间越短,说明加速性越好。

4. 总寿命

发动机从出厂到第一次翻修这一段期间内的总工作时数或者两次大翻修之间的工作时数,都可以称为发动机寿命。发动机经过数次翻修直至报废累积的总工作时数,称为发动机的总寿命。一般民用发动机的寿命较长,军用发动机的寿命较短。

1.4.4　几个重要参数

发动机的推力只能在地面发动机试车台架上准确测出,对于给定的发动机在实际使用时可以通过发动机的工作参数来间接表征发动机推力大小。

1. 转速

当油门前推时,进入燃烧室的燃油量增加,涡轮前温度增加,涡轮功增加,发动机转速增加,压气机增压比增加,进入发动机的空气流量增加;同时,燃气的膨胀能力增加,有更多的能量在喷管中转换成气体的动能,从而排气速度增加。因此,发动机推力随着发动机转速的增加而增大,发动机转速是影响发动机推力的最主要参数。这样,就可以通过测量发动机转速来反映此时推力的大小。

由于发动机转速容易测量,测量精度也较高;同时,发动机转速不仅是影响发动机推力的最主要参数,而且还可以较全面地反映发动机承受的机械负荷的大小,反映发动机的强度和发动机状态,所以,发动机转速可表征发动机推力大小,并作为推力设置的最基本参数。对于双转子涡轮风扇发动机,一般用 N1 表示低压转子转速(即风扇转速),N2 表示高压转子转速。

高涵道比涡扇发动机,由于发动机推力主要由外涵风扇产生,所以常用发动机低压转子转速 N1 来表征发动机推力大小。例如 GE90 和 CFM56 涡扇发动机都是用风扇转速 N1 来表征发动机推力大小的。

2. 发动机压力比

发动机压力比 EPR 一般是指涡轮出口总压与压气机进口总压之比。目前,部分涡扇发动机采用 EPR 来表征发动机推力大小,并作为推力设置的最基本参数(见图 1-20)。

PW4000、V2500 等涡扇发动机通过内涵 EPR(涡轮出口总压与风扇进口气体总压之比)来表征发动机推力的大小。也有一些涡扇发动机,如 RB211 通过外涵 EPR(风扇出口气体总压与风扇进口气体总压之比)来表征发动机推力的大小。

发动机压力比 EPR 描述了气体在发动机内获得的总压增量。EPR 越高,气体在发动机内获得的机械能增量越大,气体在喷管内膨胀能力越强,排气速度越高,发动机推力越大。所以,发动机 EPR 值可以反映发动机推力的大小,并且当发动机转速一定时,其他因素的变化对推力的影响也可以通过 EPR 值反映出来。因而发动机压力比 EPR 可以更为准确地反映发动机推力的变化。

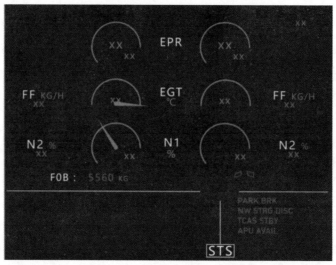

图 1-20 几个重要参数的指示

3.涡轮前燃气总温

如图 1-14 所示的单转子涡轮喷气发动机,其涡轮前燃气总温可以用 T_3^* 来表示。涡轮前燃气总温的高低表示了发动机性能的好坏,在使用过程中不应超过允许的最高值,否则会烧坏涡轮等高温部件。因为涡轮前燃气总温分布不均,测量很困难,所以在实际使用中不进行测量。

4.发动机排气温度

发动机排气温度常用 EGT 表示,一般为低压涡轮后燃气的总温,是燃气发动机实际使用中重要的监控参数(见图 1-20)。通常采用多点并列的镍铬－镍铝材料热电偶测量EGT,每台发动机都有不应超过允许的最高 EGT 值,即红线 EGT。实际使用中发动机EGT 的变化可反映发动机性能的变化及各部件的故障,而发动机部件性能的衰退,都会导致 EGT 升高。例如压气机叶片脏会使 EGT 升高,飞机起飞时发动机在高功率状态下工作,压气机放气活门漏气也会使 EGT 升高。

5.燃油流量

发动机燃油流量常用 FF(Fuel Flow)表示,虽然同一类别的不同发动机在相同的飞行中所消耗的燃油量会略有不同,但是对于发动机顺利工作和测定飞行中正在消耗的燃油量来说,燃油流量可以提供一种很有用的指示。

6.振动值

发动机振动值常用 VIB(Vibration)表示,燃气涡轮发动机具有极低的振动幅度,由于潜在的或内部故障所引气的振动可能不会被发觉而忽视。因此,在燃气涡轮发动机上装有振动指示器,可连续监视发动机的振动水平。

1.4.5　涡轮喷气发动机的演变

涡轮喷气发动机作为热机所提供的循环功与作为推进器能输出的推进功有很大的差别,这一差别意味着损失。由推进效率公式(1-8)可以得出提高推进效率的办法是降低发动机排气速度 C_5。

现在比较两台发动机,它们的参数分别用注角 1、2 表示,共同的条件是作为热机,有相同的压气机增压比,单位时间所加入的热量(或燃油)相同,且产生的循环功率相等。发动机 1 的流量 G_{a1} 小于发动机 2 的流量 G_{a2},因为循环功率相等,在相同的飞行速度下进行比较,则有

$$G_{a1}\frac{C_{51}^2-C_0^2}{2}=G_{a2}\frac{C_{52}^2-C_0^2}{2} \tag{1-15}$$

因为,$G_{a1}<G_{a2}$,则

$$C_{52}<C_{51}$$

$$\eta_{p2}>\eta_{p1}$$

这两台发动机作为推进器,推力分别为

$$F_1=G_{a1}(C_{51}-C_0)$$

$$F_2=G_{a2}(C_{52}-C_0)$$

两者之比,有

$$\frac{F_1}{F_2}=\frac{G_{a2}(C_{52}-C_0)}{G_{a1}(C_{51}-C_0)} \tag{1-16}$$

把(1-15)式代入式(1-16),得

$$\frac{F_2}{F_1}=\frac{(C_{51}+C_0)}{(C_{52}+C_0)} \tag{1-17}$$

在飞行速度一定的条件下,推进功正比于推力,因而推进效率也正比于推力,得

$$\frac{\eta_{p2}}{\eta_{p1}}=\frac{F_2}{F_1}=\frac{(C_{51}+C_0)}{(C_{52}+C_0)} \tag{1-18}$$

因为单位时间所加入的热量(或燃油)相同,由式(1-13),则单位燃油消耗率为

$$\frac{sfc_1}{sfc_2}=\frac{F_2}{F_1}=\frac{(C_{51}+C_0)}{(C_{52}+C_0)} \tag{1-19}$$

由此可知,在循环功率相等的条件下,工质流量越大,则排气速度越小,而推力越大,推进效率越大,单位燃油消耗率越小。

从上述公式可以看出,从涡轮喷气发动机发展到涡轮风扇发动机的意义在于提高了推进效率。特别是在飞行速度较低时,推进效率和推力增加的效果更加明显。反之,在飞行速度较大时,效果就不明显了,甚至因为多了风扇和带动风扇的涡轮,在能量转换过程中有损失,反而不利于总效率的提高。在目前的条件下,涡轮风扇发动机适用于高亚声速巡航。所

以，当前大中型的民航机或运输机，主要是为了改善巡航经济性和起飞推力，都广泛地采用这类发动机。

1.4.6　对发动机的基本要求

对发动机的基本要求可以概括为推重比高，迎风面积小，耗油率低，工作稳定，可靠性高，使用成本低六点。

1. 推重比高，单位迎风面积小

发动机迎面积大，阻力就大；而推重比小，发动机重量也会相应增加，飞机的机动性就差。机动性一般包括飞机的加速性、爬升率和转弯半径，均主要取决于发动机的推力和飞机重量。而发动机的重量对飞机的重量又有很大的影响。所以，推重比就成为发动机非常重要的性能指标。

发动机的推重比主要取决于两方面：一是单位推力，提高单位推力，则空气流量减少，发动机的尺寸和重量就会随之减小；二是尽量采用高比强度的材料和合理的结构。

2. 单位燃油消耗率低

sfc 低，即省油，通常也称发动机经济性好。对于民航客机或运输机，经济性好，就可以增加航程和续航时间，在航程一定的情况下，则可以增加有效载荷。民航客机或运输机是很强调经济效益的，燃油费用直接影响其经营成本。对于远程飞机，增加有效载荷的经济效益还要比省油本身的价值大得多。所以在民用航空上，降低单位燃油消耗率是当前发动机发展的一个主要方面。

3. 工作稳定，可靠性高

发动机工作稳定，是可靠性高的一个重要表现。工作稳定往往是从热力气动的角度考虑，例如当发动机离开设计状态之后，发动机转速、飞行速度和高度变化，是否会出现燃烧室熄火、进气道或压气机喘振、热部件过热等问题。此外，启动和加速过程的性能也直接与发动机工作稳定可靠有关。

可靠性高的另一个表现是从结构强度的角度来考虑，如在使用期中保证结构完整性。

如果发动机的可靠性高，而可靠寿命很短，那也是没有意义的，所以可靠性的含义也应包括发动机的寿命。

可靠性还包括两指标：一是事故率，一般按每十万或百万工作小时，因发动机故障而影响飞机飞行的次数；二是提前拆换率，不到寿命期而提前返修的发动机台数与所使用的发动机总数之比。

4. 使用成本低

使用成本通常包括以下 3 项内容。

(1)燃油的消耗。这里着重是从燃油消耗的经济价值来考虑。

(2)购买发动机的费用。发动机的最初购置费用与组成它的零部件直接有关。为了能以最低的成本生产合适的部件,在最初设计阶段,设计工程师和生产工程师就要进行非常紧密的合作。

(3)维护费用。它主要包括维护的工时和更换零部件费用。当前有不少发动机采用单元体结构,在外场就可以方便地拆换部件。

通常还可用单位寿命的成本来评价发动机,它是指发动机每工作一小时,使用部门要为购置、维护以及燃油消耗等提供多少经济价值。这是一个重要的综合性经济指标。

上述是对涡轮喷气发动机的基本要求。但必须明白,这些要求相互间存在着矛盾,为照顾一方面,往往使其他方面的性能有所降低,对于不同用途飞机的发动机,在要求上应当有不同的侧重点,这是选择发动机时必须考虑的。

思 考 题

1.航空燃气涡轮喷气发动机与活塞式航空发动机相比有什么优点?

2.燃气发生器由哪些部件组成?

3.为什么说好的核心机是各种不同类型好性能燃气发动机的基础?

4.用牛顿第二、三定律说明推力的产生。

5.什么是燃气涡轮喷气发动机的推进效率?

6.涡喷发动机耗油率是如何定义的? 它与发动机总效率的关系如何?

7.影响燃油消耗率的因素有哪些?

8.表征发动机推力的参数有哪些?

9.衡量发动机使用性能的指标参数有哪些?

第2章 基础知识

▶学习目标

    1.掌握牛顿第一、第二和第三定律,理解其定义。

    2.掌握气体的基本属性,熟悉热力系统和状态参数,掌握常见的 4 种热力过程。

    3.掌握热力学第一定律和第二定律的表述及解析式,掌握涡喷发动机的理想工作循环和实际工作循环。

    4.掌握连续方程、能量方程和伯努利方程的定义及公式,掌握气体在不同管道内的流动规律。

    燃气涡轮发动机是以空气和燃气作为工作介质,将燃料的化学能转变成热能,再将热能转变为机械功。掌握力学、热力学及气体动力学的基础知识对理解涡轮发动机的工作原理是非常有必要的,本章将简要介绍上述基础知识。

2.1 牛顿定律

    1.牛顿第一定律

    牛顿运动定律是研究物体间的相互作用以及由此引起的物体运动状态变化规律的基础。牛顿第一定律又叫惯性定律,是指任何物体都保持静止或匀速直线运动状态,直到作用在它上面的力迫使它改变这种状态为止。力是引起运动物体状态改变的原因。

    2.牛顿第二定律

    牛顿第二定律是,物体受到外力作用时,它所获得的加速度的大小与外力的大小成正比,与物体的质量成反比,加速度的方向与外力的方向相同。

    牛顿第二定律的数学表达式通常写成

$$F = ma \tag{2-1}$$

式中:F—— 力;

m—— 质量；

a—— 加速度。

在旋转系统中，牛顿第二定律的数学表达式写成：

$$M = J\frac{\mathrm{d}\omega}{\mathrm{d}t} \tag{2-2}$$

式中：　　M—— 扭矩；

J—— 转动惯量；

ω—— 角速度；

$\mathrm{d}\omega/\mathrm{d}t$—— 角加速度。

牛顿第二定律说明力是产生加速度的原因，扭矩是产生角加速度的原因。对于质量一定的物体，其受到的作用力越大，加速度越大；对于转动惯量一定的物体，其受到的扭矩越大，角加速度就越大。

3. 牛顿第三定律

牛顿第三定律说明两个物体之间的作用力和反作用力在同一直线上，大小相等而方向相反。作用力和反作用力分别作用在两个物体上。

2.2　热　工　基　础

2.2.1　气体的基本属性

燃气涡轮发动机作为一种热力发动机，在气体的高速流动过程中完成热能与机械能的相互转换。它是利用气体作为媒介，这种媒介物质称为工作介质，简称工质。要了解发动机的工作原理，必须首先对气体的基本属性有所了解。

1. 气体的特点

物质都是由分子组成的，分子时刻都在作无规则的热运动；分子之间存在着间隙；分子之间有相互作用力，相互之间经常碰撞，交换着动能和热能。但是，与液体或固体相比，气体的分子运动得最快，分子间的间隙最大，分子间的作用力最小。所以，若把气体充入容器内，其分子很快便能均匀地充满在容器中，使容器具有膨胀的趋势，此时如果容器的体积能够变大，气体便能够膨胀而对外做功。因此，人们便利用气体的这些特点，把它作为热力发动机的工质，以完成热能和机械能的互相转换。

气体分子本身的体积与分子间的间隙相比是微不足道的，分子间作用力也很微弱。所以，在研究实际问题时，可以把分子的体积及分子间的作用力忽略不计，这会使研究的过程大为简化，而得出来的结论又与实际情况非常接近。因此，在热力学中，设想出一种气体，它的分子只有质量而没有体积,分子之间完全没有作用力,这种气体称为理想气体。而相对于理想气体,实际气体的分子有体积,分子间有相互作用力。一切实际存在的气体都是实际气体。当实际气体的压力与大气压力相比不太大,温度与室温相比不太低时,便与理想气体非常接近。

2.气体的压缩性

气体因压力和温度的变化而改变其密度的性质,称为气体的压缩性。气体的压缩性对其流动特征是有影响的,但是影响有多大,取决于气体密度的相对变化量,即气体密度的变化量 $\Delta\rho$ 与气体原来的密度 ρ 的比值 $\Delta\rho/\rho$ 的大小。如果 $\Delta\rho/\rho\ll1$,即气体因压力和温度的变化导致其密度的改变极微小,可近似当作不可压缩处理。但当这个比值不是很小时,压缩性的影响便不能忽略,否则必然带来较大的误差。

影响空气压缩性的主要因素有气体的流动速度和空气的温度。

(1)当气体的流动速度改变时,会引起其压力和密度的变化。空气的流动速度越大,空气密度的变化越大(或密度减小得越多),空气越易压缩。但若气体以低速流动,则其速度改变所引起的气体密度的相对变化量很小,这时对气体压缩性的影响很小。只有当气体速度较大时,才要考虑其对气体压缩性的影响。

(2)当空气的温度改变时,也会引起其密度的变化。空气的温度越高,空气的密度变化越小(或密度减小得越少),空气越不易压缩。

3.气体的黏性

相邻的两层气体作相对运动时,在这两层气体之间会出现阻力以阻止它们的相对运动,气体的这种特性叫做黏性。这种现象叫做气体的摩擦,这种阻力叫做黏性力或摩擦力。

从气体分子运动的特点来看,黏性实际上是分子热运动的结果。气体流动时,分子由于无规则的热运动进入相邻层中,就会改变相邻层中气体的流速。流速较小的气体层进入流速较大的气体层中时,则要给流速较大的气体层以阻力,使之减速;而流速较大的气体层中的分子进入流速较小的气体层中时,则要给流速较小的气体层以推进力,使之加速。这就是气体层作相对运动时,表现出黏性的原因。相邻气体层之间的一对力就是摩擦力。

4.气体的比热

气体的定容比热和定压比热如图 2-1 所示。

(1)定容比热。1 kg 的气体,在保持容积不变的条件下,温度升高 1℃所需的热量,称为气体的定容比热,用 c_V 表示,单位为焦/千克·开(J/kg·K)。

(2)定压比热。1 kg 的气体,在保持压力不变的条件下,温度升高 1℃所需的热量,称为气体的定压比热,用 c_p 表示,单位与 c_V 相同。

比较定容比热和定压比热的概念可知:等容时外界输入的热量全部用来提高气体的温度;而等压时外界输入的热量除了用来提高气体的温度外,还要使气体膨胀,对外做功。可见若要使 1 kg 气体的温度同样升高 1℃,则定压加热时所需的热量要比定容加热时多。

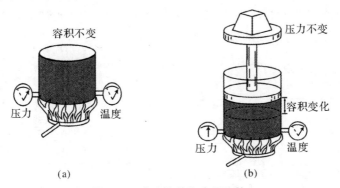

图 2-1 定容比热和定压比热

(a)定容比热;(b)定压比热

(3)比热比。气体的定压比热与定容比热的比值,叫做比热比,也叫绝热指数,用符号 k 表示。

$$k = \frac{c_p}{c_V} \qquad (2-3)$$

在热力学和气体动力学计算中,绝热指数 k 是个重要的数值。绝热指数的数值取决于气体分子中所含的原子数和气体的温度。

气体分子中所含的原子数越多,绝热指数越小,在 0℃ 时,单原子、双原子和三原子气体的绝热指数分别为:1.67,1.4,1.29。

空气是双原子气体,其绝热指数 $k=1.4$,燃气是双原子气体与三原子气体的混合物,其绝热指数 $k=1.33$。

绝热指数随温度升高而减小,但减小的程度不大。可以认为,当温度变化不大时,绝热指数是个常数。

2.2.2　热力系统、状态和状态参数

1.热力系统

在热力学中把所要研究的对象叫做热力系统,简称为系统或热力系。与热力系统有关的周围物体称为外界或环境。将热力系统与外界分隔开的空间界限称为边界或界面。边界可以是真实的,也可以是假想的。热力系统的变化总是存在热现象,往往伴随着热能和机械能的转换。热现象是一种复杂的物质运动形式,是物质中大量分子热运动的宏观表现。

若热力系统与外界只发生能量交换,而无物质交换,则称该热力系统为闭口系统,如图 2-2 所示。若热力系统与外界不仅发生能量交换,而且有物质交换,即有物质流入、流出系统,则称该热力系统为开口系统,如图 2-3 所示。

若热力系统与外界不发生热交换,则称该热力系统为绝热系统。

若热力系统与外界既无能量交换,也无物质交换,即与外界无任何联系,则称该热力系

统为孤立系统。实际上,与外界绝对不发生任何联系的系统是不存在的。当实际存在的系统与外界的能量交换和物质交换少到可忽略的程度时,就可近似地当作孤立系统来处理,因此,孤立系统只是一种假设的极限情况。

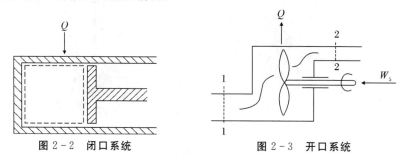

图 2-2　闭口系统　　　　　　　　　图 2-3　开口系统

2.状态和状态参数

热力设备中,依靠工质从热源吸热及对外膨胀做功而实现热功转换,这时工质本身也在不断发生变化。为了说明热力设备中的热功转换过程,必须研究这个过程中工质所发生的变化,因而就需要说明在这个过程中工质所组成的热力系统发生变化时所经历的每一种宏观状况。热力学中把工质所处的某种宏观状况称为工质的热力状态。

工质的状态常用一些物理量来描述,这种描述工质状态的物理量称为状态参数。状态参数的数值仅取决于工质的状态,而与达到这个状态所经历的变化过程无关。故对应于所给定的状态,所有的状态参数都有各自确定的数值。当有一个状态参数的数值发生变化时,工质的状态也就发生变化。可以直接测量的状态参数称为基本状态参数,例如压力 p、比容 v、温度 T、内能 U、焓 H、熵 S 等。

(1)压力 p。气体压力表示气体垂直作用在单位面积上的力,是由于气体分子运动撞击物体表面,而在单位面积上所呈现的平均作用力。当容器内气体没有宏观运动时,若气体本身重量可忽略不计,则在容器内任何位置的任何方向上气体的压力都相同。压力的单位为 N/m^2,称为帕斯卡,简称为帕,国际单位为 Pa。

(2)比容 v。单位质量的气体所占据的容积称为比容 v,单位为 m^3/kg;单位容积气体的质量称为密度 ρ,单位为 kg/m^3,其数值与比容互为倒数,即

$$\rho = \frac{1}{v} \tag{2-4}$$

(3)温度 T。温度表示物体的冷热程度。当一个物体处于较热状态时,称为温度较高;处于较冷状态时,称为温度较低。温度的高低在日常生活中是经常能感受到的。但是,仅以感觉是难以做出准确判断的。按分子运动学说,气体的温度是气体分子平均移动动能的量度。温度高即气体分子平均移动动能大,温度低即气体分子平均移动动能小。当两种气体的分子平均移动动能相同时,它们的温度便相同。

为了表示温度的数值,需要有作为量度温度的标尺即温标。热力学温标是基本的温标,所定义的温度称为热力学温度 T,单位为开尔文(K)。规定采用水的三相点温度,即水的固相、液相和气相平衡状态的温度作为定义热力学温标的单一固定点,并规定该温度为

273.16 K,热力学温度单位开尔文为三相点温度的1/273.16。与热力学温标并用的还有热力学摄氏温标,将基准点(即水的三相点)温度规定为 0.01℃,并将纯水在 1 个标准大气压下的冰点(0℃)和沸点(100℃)之间划分 100 等份,每等份即 1℃。如此确定的温度称为摄氏温度 t,单位为摄氏度℃。它与热力学温标之间具有以下换算关系,即

$$t(℃)=t(K)-273.15 \tag{2-5}$$

对于 1 kg 的气体,理想气体状态参数之间的一般关系式即理想气体状态方程为

$$pV=RT \tag{2-6}$$

式中:R 为气体常数,表示压力、比容与温度之间的比例系数。R 的数值只取决于气体的种类而不随气体的状态变化。气体常数的法定计量单位是 J/(kg·K)。空气的气体常数为 287.06J/(kg·K)。

(4)内能 U。根据气体分子理论,气体分子在运动中具有移动动能、转动动能和原子的振动动能,这 3 种动能的总和叫做气体的内动能。实际气体由于分子间存在着作用力,所以具有位能,叫做气体的内位能。气体内动能与内位能之和叫做气体的内能 U,单位为焦耳(J)。单位质量工质所具有的内能叫比内能 u。

在定容加热条件下,气体不对外做功,外界输入 1 kg 静止气体的热量全部转变为气体的内能。它与气体温度的关系可表示为

$$du = dq = c_V dT \tag{2-7}$$

理想气体内能的大小只取决于气体的温度。

(5)焓 H。焓是一个组合的状态参数,用 H 表示,单位为焦耳(J)。单位质量工质所具有的焓叫比焓 h。为计算方便起见,通常把气体的内能和推动功合在一起,称为气体的焓。

只有在定压条件下,焓的增量在数值上才等于外界输入气体的热量。等压加热时,外界输入气体的热量与气体温度的关系可表示为

$$dh = dq = c_p dT \tag{2-8}$$

理想气体焓的大小只取决于气体的温度。

(6)熵 S。熵是一个导出的状态参数,用 S 表示,单位为焦/开(J/K)。单位质量工质所具有的熵叫比熵 s,即

$$ds = \frac{dq}{T} \tag{2-9}$$

2.2.3 热力学第一定律

1.热力学第一定律的实质

能量守恒与转换定律是自然界中最重要的普遍规律之一。它说明自然界中物质所具有的能量,既不能创造,也不能消灭,只能从一种形式转变为另一种形式,在转变的过程中,能量的总和保持不变。热力学第一定律是能量转换和守恒定律在热力学上的应用,它确定了热能与其他形式能量相互转换在数量上的关系。

热力学第一定律可以表述为:热可以转变为功,功也可以转变为热。一定量的热消失

时,必产生与之数量相当的功;消耗一定量的功时,也必出现相当数量的热。

历史上曾有不少人企图制造一种不消耗能量而能连续不断做功的所谓第一类永动机,但所有此类永动机都违反能量守恒与转换定律,均告失败。因此,热力学第一定律也可表述为:第一类永动机是不可能造成的。

2.热力学第一定律的解析式

热力系在状态变化过程中的能量平衡方程是由能量守恒定律推得的,是分析热力系状态变化的基本方程。热力学第一定律只说明了热力系储存的能量不变化的情况。而一般热力系在状态变化过程中储存的能量都会有所变化,因此能量平衡关系可表述为

输入热力系统的能量－热力系统输出的能量＝热力系统储存能量的变化

上式描述了热力系储存能量与传输能量之间相互转换与守恒的普遍关系,反映了一切热过程的共性。但在不同的具体热过程中,参与转换的能量形式各不相同,因而能量方程的形式也各不一致,这就体现了各热过程的个性。

在具体分析实际热过程时,一般应遵循以下步骤。

(1)根据需要确定研究范围,即划定热力系。

(2)根据热过程进行的具体情况,确定通过边界参与热过程的各种能量形式。

(3)按上述能量转换与守恒原则建立能量方程式。

现以图2-4的气缸膨胀过程为例,设气缸内装有 m kg 气体,其状态参数为 p_1、υ_1 和 T_1,输入热量 Q 之后,活塞从位置1移动到位置2,气体的压力、比容和温度分别变为 p_2、υ_2 和 T_2。这样,输入热量 Q 后,气体的能量有了变化:温度升高了,内能增大了;气体膨胀,推动活塞做了功。

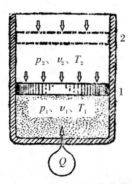

图2-4 加热气体、气体做功示意

可见,加给气体的热量,一部分用来增大气体的内能 ΔU,其余部分即 $Q-\Delta U$,根据热力学第一定律,必然转换成了外功 W,即

$$W=Q-\Delta U$$

亦即

$$Q=W+\Delta U \tag{2-10}$$

式(2-10)叫做热力学第一定律解析式。

对 1 kg 气体,则

$$q = w + \Delta u \qquad (2-11)$$

热力学第一定律的解析式可以这样来表述：在一般的热力过程中，加给气体的热量，一部分用来增大气体的内能，其余部分用来对外做功。

在各种热力过程中，气体可能吸热，也可能放热，其内能可能增大，也可能减小，气体可能膨胀做功，也可能被压缩而获得外功。

因此，应用热力学第一定律解析式时规定：加热量为正值，放热量则为负值；内能增大量为正值，减小量则为负值；气体的膨胀功为正值，压缩功则为负值。

若把式(2-11)写成微元过程：

$$dq = du + dw \qquad (2-12)$$

即

$$dq = du + pdV \qquad (2-13)$$

又

$$h = u + pV$$

取微分，得

$$dh = du + d(pV)$$

$$du = dh - d(pV)$$

代入式(2-13)，则有

$$dq = dh - d(pV) + pdV$$

经整理后，得

$$dq = dh - Vdp \qquad (2-14)$$

式(2-14)为热力学第一定律的另一种表示形式。

2.2.4　热力过程

系统可能呈现各种不同的状态，平衡态是系统与外界不发生相互作用的条件下，其宏观性质不随时间变化的状态。系统从一个平衡态向另一个平衡态变化时所经历的全部状态的总和称为热力过程。封闭的热力过程称为热力循环，简称循环。此时系统从一个平衡态经过一系列的状态又回到原来的状态。实施热力循环的目的是实现系统与外界连续不断地进行热能与功的转换。

热力系统进行的基本热力过程有定容过程、定压过程、定温过程和绝热过程等。

1.定容过程

热力系统在比容保持不变的情况下所进行的吸热或放热过程称为定容过程。其过程方程为

$$\nu = 常数 \qquad (2-15)$$
$$d\nu = 0 \qquad (2-16)$$

按理想气体状态方程 $pV = RT$，可得定容过程中状态参数的变化关系为

$$\frac{p_1}{T_1} = \frac{p_2}{T_2} \qquad (2-17)$$

即定容过程中，气体的压力和温度成正比，此关系也称为查理定律。在压容图上是一条平行

于纵坐标的直线,如图 2-5 所示。

2.定压过程

热力系统在压力保持不变的情况下所进行的吸热或放热过程称为定压过程。涡轮喷气发动机燃烧室所进行的加热过程,就近似于定压过程。其过程方程为

$$p＝常数 \tag{2-18}$$

或

$$\mathrm{d}p＝0 \tag{2-19}$$

按理想气体状态方程 $pV＝RT$,可得定压过程中状态参数的变化关系为

$$\frac{V_1}{T_1}＝\frac{V_2}{T_2} \tag{2-20}$$

即定压过程中,气体的比容和温度成正比,此关系也称为盖-吕萨克定律。在压容图上是一条平行于横坐标的直线,如图 2-6 所示。

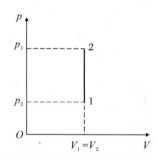

图 2-5　定容过程的压容图

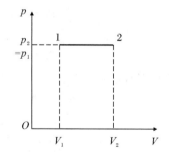

图 2-6　定压过程的压容图

3.定温过程

气体在温度保持不变的条件下进行的热力过程,叫做定温过程。定温过程的过程方程可按理想气体状态方程 $pV＝RT$ 得出。

由于 T 为常数,故此定温过程的过程方程为

$$pV＝常数 \tag{2-21}$$

按理想气体状态方程 $pV＝RT$,可得定温过程中状态参数的变化关系为

$$\frac{p_1}{p_2}＝\frac{V_2}{V_1} \tag{2-22}$$

即定温过程气体的压力与比容成反比,此关系也叫做波义耳-马略特定律。在压容图上,定温过程可用一条双曲线表示,如图 2-7 所示。

4.绝热过程

气体在同外界没有热交换的条件下所进行的热力过程,叫做绝热过程,则有

$$pV^k＝C \tag{2-23}$$

式(2-23)便是绝热过程的过程方程。k 为绝热指数,C 为常数。依据上述方程,在压容图上可以绘出绝热过程的过程曲线,如图 2-8 所示。

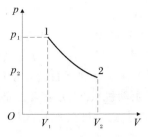

图 2-7 定温过程的压容图

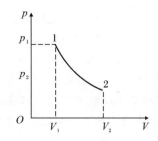

图 2-8 绝热过程的压容图

5. 多变过程

定容过程是气体比容保持不变的过程;定压过程是气体压力保持不变的过程;定温过程是气体温度保持不变的过程;绝热过程是气体与外界没有热量交换的过程。

上述 4 种热力过程的特征是:过程中有某一个状态参数保持不变,或热力系与外界没有热量交换。实际的过程往往是所有的参数都在变化,并且也不完全绝热,例如活塞或压气机工作时,气体一面被压缩,一面被冷却,因而压缩过程中气体的压力、温度和比容都在变化,而且与外界有功和热的交换。但是,在一般的实际过程中,工质的状态变化往往遵循一定规律。此时,过程方程可通过实验,测定过程中一些状态点的 p,V 值而整理成:

$$pV^n = C \tag{2-24}$$

$n = 0$ 时,多变过程的过程方程变为:$p =$ 常数,为定压过程。

$n = 1$ 时,多变过程的过程方程变为:$pV =$ 常数,为定温过程。

$n = k$ 时,多变过程的过程方程变为:$pV^k =$ 常数,为绝热过程,k 为绝热指数。

$n = \pm\infty$,多变过程的过程方程变为:$V =$ 常数,为定容过程。

对于复杂的实际过程,可将它分为几段不同多变指数的多变过程来描述,每一段的多变指数 n 保持不变。

2.2.5 热力学第二定律

在自然界中热力过程具有方向性。热力学第一定律只是准确地肯定了过程中的能量平衡关系,并不能说明过程的方向性。现假设一定数量的热量输入某个系统,结果该系统完成了相同能量的功。即使认为这些热量能够完全转换为功输出,也并不违反热力学第一定律。然而,据人们的经验所知,一些热力过程在某些情况下其完全逆向的变化是不可能进行的。而研究过程的方向性,正是热力学第二定律的任务。因此,热力学第二定律是工程热力学的重要理论之一。发动机热力循环的理论就是在热力学第一定律和第二定律的基础上建立起来的。研究热力学第二定律,分析发动机的理想循环,主要目的在于弄清怎样把输入的热能更多地转换为机械能,明确提高热效率的方法。

热力学第二定律的两种表述如下。

(1)克劳修斯表述:热不可能从低温物体传到高温物体而不引起其他任何变化。

(2)开尔文-普朗克表述。不可能制造出只与单一温度的热源交换热量并对外界做功又不引起其他变化的循环热力发动机。

克劳修斯表述指出,为了使热从低温物体传到高温物体,必须由外界做功。没有这个条件,热决不会从温度较低的物体自发地传到温度较高的物体。

开尔文表述指出,为了使热力发动机运行,必须同时具备高温热源和低温热源。因此,不可能把吸收的热量全部转变为功,即不可能制造出热效率为100%的热力发动机。那种所谓不违反第一定律,能利用存在于自然界中的无限能量并永久运转下去的发动机,称为第二类永动机(以区别于违反能量守恒和转换定律的第一类永动机)。热力学第二定律表明第二类永动机是不可能的。热力学第二定律的两种表述法在方式上虽然不同,但在实质上却是等效的。

根据热力学第二定律,燃气涡轮发动机必须工作在一个热源和一个冷源之间,工质从热源所得到的热量不可能全部变为功,而只能将其中一部分热量变为功,其余的热量必须通过工质传给某一个冷源。转变的功与工质得到的热量之比称为热效率,即热效率小于100%,只能在可能范围内,尽量减少热量损失,把输入的热量尽可能多地转换为功,以提高发动机的效率。

2.2.6　热力循环

在热力发动机中,热能转换为机械能是通过工质的膨胀来实现的。为了使发动机连续做功,就必须不断地重复进行膨胀过程。重复的方法有以下两种。

(1)工质完成了膨胀过程后,排到发动机外,再引入与原来的工质质量相等、状态相同的新工质,重新膨胀做功。

(2)工质完成了膨胀过程后,再经过某些热力过程(如放热、压缩、加热等),恢复到膨胀前的状态,以便再次膨胀做功。

就热能转换为机械能而言,不论是引入新的工质或是原来的那部分工质,其效果都是相同的。为便于分析,在工程热力学中都认为是原来的工质在发动机内周而复始地工作。

若组成热力循环的各个热力过程都是可逆过程,则这种热力循环称为理想循环或称可逆循环。

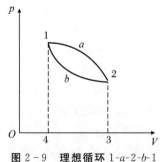

图 2-9　理想循环 1-a-2-b-1

研究理想循环,主要是求出工质在一次循环中所能发出的功和循环热效率。图 2-9 表示一个简单的理想循环。这个理想循环 1-a-2-b-1 由膨胀过程 1-a-2 和压缩过程 2-b-1 组成,压缩过程曲线 2-b-1 位于膨胀过程曲线 1-a-2 的下面,1-a-2-b-1 是沿顺时针方向的封闭曲线。工质首先从状态 1 开始,沿曲线 1-a-2 进行膨胀,经过一系列的状态变化后到达状态 2,在这个过程中,工质吸收了外界的热量 q_H,并对外做功。工质到达状态 2 后受到压缩,沿着热力过程恢复到原来状态 1,在这个过程中,工质获得了外功,并放出了热量 q_L。工质经过了热力过程 1-a-2 和 2-b-1 后,又恢复到原来的状态。1-a-2-b-1 形成了封闭的曲线,这样工质就经历了一次循环。

在膨胀过程中 1-a-2,1 kg 工质所作的膨胀功 w_H,可用面积 1a2341 来表示。

在压缩过程中 2-b-1,1 kg 工质所消耗的压缩功 w_L,可用面积 2341b2 来表示。

1 kg 工质在一次理想循环中所发出的功,叫做理想循环功 w_0,它等于膨胀功与压缩功的差,即

$$w_0 = w_H - w_L \qquad (2-25)$$

式中: w_0——理想循环功;

　　w_H——膨胀功;

　　w_L——压缩功。

因此,1 kg 工质在一次理想循环中所作的功,可用封闭的过程曲线 1-a-2-b-1 所包围的面积来表示。封闭曲线所包围的面积越大,理想循环功也就越大。如果膨胀过程曲线与压缩过程曲线重合,即膨胀功等于压缩功,则封闭曲线所包围的面积等于零,也就是理想循环功等于零。

由式(2-25)可知,要使热力发动机输出正功,即理想循环功等于正值,膨胀功必须大于压缩功,膨胀过程曲线应该位于压缩过程曲线的上面,循环是按顺时针方向沿曲线进行的。这样的循环叫做正循环。如果某一循环中,压缩功大于膨胀功,压缩过程曲线位于膨胀过程曲线的上面,循环是按逆时针方向沿曲线进行的,那么,理想循环功就等于负值,这样的循环叫做逆循环。在逆循环中,工质不但不能对外做功,反而要吸收外界供给的功。逆循环叫做制冷机的循环。

工质经过一次循环恢复到原来状态,因而工质的内能没有变化,所以理想循环功必然是由于外加热而产生的。若在一次循环中加给 1 公斤工质的热量为 q_H,1 kg 工质散出的热量为 q_L,转换为理想循环功的这部分热量就一定是 $q_H - q_L$,即

$$w_0 = q_H - q_L \qquad (2-26)$$

式中: w_0——理想循环功;

　　q_H——加热量;

　　q_L——放热量。

式(2-26)表明,在一次循环中,外界加给工质的热量 q_H 不可能全部转换为功,其中有 q_L 这部分热量没有能够利用而被排出。

通常采用热机循环所作的循环功与工质从高温热源接受的热量的比值,作为评价热机循环在能源利用方向的经济性指标,称为循环热效率,简称热效率。所以,热效率是在一次循环中循环功与加热量的比值,用 η_t 表示,即

$$\eta_t = \frac{w_0}{q_H} = 1 - \frac{q_L}{q_H} \qquad (2-27)$$

在保持加热量不变的条件下,由式(2-27)可见,放出的热量越少,循环功越大,热效率越高,即经济性越好。

2.2.7 涡喷发动机的工作循环

1.涡喷发动机的理想循环

为了便于进行热力分析,通常假设工质完成的是一个封闭的热力循环。略去压缩与膨胀过程中工质与各部件之间的热量交换;忽略实际过程中的摩擦;假设在燃烧室中进行的燃油燃烧释放出热能的化学反应过程为外部热源对工质加热的过程,并且忽略由流动阻力和加热所引起的压力降低,用定压加热过程代替之;喷入的燃油的质量忽略不计,而且假定工质是定质量的定比热容的完全气体;燃气喷入大气,与大气进行定压放热过程。

根据上述假设得到的涡轮喷气发动机的理想循环,被称为布莱顿循环,也叫做定压加热循环,其 p-v 图,如图 2-10 所示。布莱顿循环由 4 个基本热力过程组成,分别是:绝热压缩过程,在进气道(0-1)和压气机(1-2)中进行;等压加热过程,在燃烧室(2-3)中进行;绝热膨胀过程,在涡轮(3-4)和喷管(4-5)中进行;等压放热过程,在外界大气(5-0)中进行。

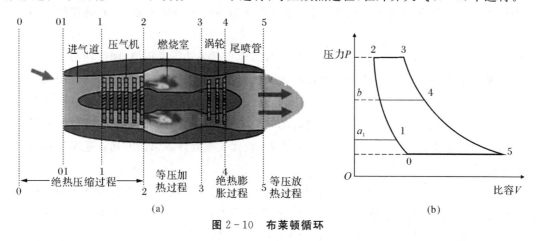

图 2-10 **布莱顿循环**

布莱顿循环的理想循环效率为

$$\eta_t = 1 - \frac{1}{\pi^{\frac{k-1}{k}}} \tag{2-28}$$

式中:π——发动机的增压比。

发动机增压比的大小,说明工质在压缩过程中压力提高的程度,布莱顿循环热效率的高低主要取决于发动机的增压比,而与加热量无关。发动机的增压比越大,布莱顿循环的热效率越高。

2.涡喷发动机的实际循环

理想条件下喷气式发动机的理想循环中,压缩与膨胀过程没有考虑流动损失,而实际条件下存在着流动功率损失,整个压缩过程(0-2)是绝热的多变过程,整个膨胀过程(3-5)是绝热的多变过程,在加热过程中(2-3)压力也有下降。也就是说:在压缩空气的过程中,压气机需要消耗更多的功率,即压气机效率小于 1;同样,膨胀过程中,涡轮的输出功率也小于理想过程中的输出功率,即涡轮效率小于 1,且增压比 π 越高,压缩过程和整个膨胀中的功率损失就越大。因此,提高增压比 π,可增大实际循环的热效率,当 π 等于最经济增压比时,实际循环热效率达到最大,以后再提高增压比,实际循环的热效率反而下降。涡轮前温度提高,输入发动机的热量就越多,在流动功率损失不变的情况下,发动机热效率增大。

总之,影响喷气发动机实际循环热效率的因素有增压比 π、涡轮前燃气温度、压气机效率和涡轮效率。提高涡轮前燃气温度,增大压气机效率和涡轮效率,都可提高热效率。

2.3 气体动力学基础

在燃气涡轮发动机工作的主要状态下,都可以认为气流是稳定流动的,即气体在流动过程中,其热力学参数及运动参数都不随时间而变,只随位置的变化而变化,但不论其变化的情况如何复杂,气流的速度、压力、温度和密度等各个参数总是有规律地相互联系和影响着。气体动力学的基本方程就是一些反映各气流参数相互联系和影响的关系式,它们所表达的正是从气流现象中引出的气体流动的一般规律。利用这些规律,就能够从理论上来研究流动过程中气体能量转换的关系,气流各参数之间的关系以及气体与其流过的物体间相互作用力的问题。

2.3.1 连续方程

连续方程是质量守恒定律应用于流动气体的关系式。当气体稳定地流过管道时,单位时间内,流过任何横截面的气体质量相等,这就是气体的连续性定理,表达这个原理的数学方程称为连续方程。

一维定常流的连续方程为

$$\rho_1 A_1 C_1 = \rho_2 A_2 C_2 = 常数 \tag{2-29}$$

或

$$\frac{\mathrm{d}\rho}{\rho} + \frac{\mathrm{d}C}{C} + \frac{\mathrm{d}A}{A} = 0 \tag{2-30}$$

式中:ρ—— 密度;

A—— 面积;

C—— 速度。

对于不可压缩流体,由于密度不变,在管道流动时,管道任一横截面处的流速与该截面积成反比。截面积增加、流速减少,如图 2-11 所示。

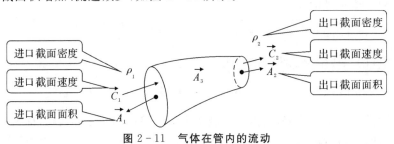

图 2-11 气体在管内的流动

2.3.2　能量方程

在开口系统中,因为气体在不停地流动着,所以物质也能通过系统边界。此时,流动气体的能量随工质流动通过边界面进出该系统。因此,该系统的能量就受到热、功以及通过边界的物质的影响。

如图 2 - 12 所示,稳定流动的气体在截面 1 和截面 2 之间,从外界接收热量 Q,并转动叶轮对外界做功 W_s。

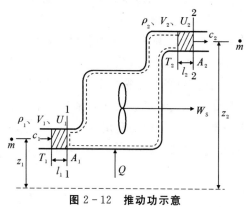

图 2 - 12　推动功示意

(1)工质进出系统时,各截面上工质的状态参数值恒定不变,但不同的截面上各参数值可不相同,即工质的全部参数(包括流速)只沿流动方向变化,或称之为一元流动。

(2)进入系统的工质质量,恒等于同时间内离开系统的工质质量,即:$m_1 = m_2$,且不随时间而变。

(3)通过系统的热和功不随时间而变。

系统中稳定的单位质量流动工质具有的能量包括以下几种:

(1)工质因所处的高度而具有的位能 Z_g。

(2)工质因流动而具有的动能 $C^2/2$。

(3)工质因内部分子热运动而具有的内能 u;

(4)推动工质流动的功,这种能量称为流动能或推动功 p_v。

推动功来源于当工质从截面 l 流入系统时,受到系统内工质对其阻挡的力,外面的流体必须克服这一阻力才能进入系统,后面的流体推动前面的流体向前流进系统而做功。同样,当工质流出系统时也需要这样的推动功。

工质流入进口截面带进的能量为

$$m_1\left(Z_1 g + \frac{C_1^2}{2} + u_1 + p_1 v_1\right) = m_1\left(Z_1 g + \frac{C_1^2}{2} + h_1\right)$$

同样,流出系统的工质带出系统的能量为

$$m_2\left(Z_2 g + \frac{C_2^2}{2} + u_2 + p_2 v_2\right) = m_2\left(Z_2 g + \frac{C_2^2}{2} + h_2\right)$$

外界通过边界给系统加热为 Q,气体对外做功为 W_s(除推动功以外的功,称为轴功),系统内能量不变。因此,能量方程为

$$Q - W_s = m_2 \left(Zg_2 + \frac{C_2^2}{2} + u_2 + p_2 v_2 \right) - m_1 \left(Zg_1 + \frac{C_1^2}{2} + u_1 + p_1 v_1 \right)$$

又

$$m_1 = m_2 = m \ , \ q = Q/m \ , \ w_s = W_s/m$$

或

$$q = (u_2 - u_1) + (p_2 v_2 - p_1 v_1) + \frac{C_2^2 - C_1^2}{2} + g(Z_2 - Z_1) + w_s \qquad (2-31)$$

$$q - w_s = (h_2 - h_1) + \frac{C_2^2 - C_1^2}{2} + g(Z_2 - Z_1) \qquad (2-32)$$

及微分形式

$$dq - dw_s = dh + C dC + g dZ \qquad (2-33)$$

式(2-31)、式(2-32)和式(2-33)即为单位质量流动气体能量方程基本式,它表明外界加给气体的热量用来增加气体的焓和动能、位能,并对外作机械功。

能量方程(2-31)不包含摩擦功这一项,这说明不论是否考虑气体的摩擦,方程的形式都是一样的。这是因为,气体消耗于克服摩擦的摩擦功,完全转换为气体所吸收的热量,摩擦只不过使能量从一种形式(机械功)变成另一种形式(热)而已,对气流能量总的平衡不会有任何影响。

能量方程中如果气体向外界放热或外界对气体做机械功,则式中的 q 和 w_s 两项前应使用负号。式(2-31)、式(2-32)和(2-33)作为能量方程的一般形式,表明了流动气体与外界有热和机械功交换的能量转换的一般规律。但是,气体在发动机内流动时,并不一定与外界同时有热和机械功的交换。

下述介绍几种能量转换的特殊形式,也是航空发动机常遇到的情况。

(1)气体同外界不发生热交换,只从外界获得到机械功。

当 $q = 0$,且忽略位能变化,于是式(2-19)便成为

$$-w_s = (h_2 - h_1) + \frac{C_2^2 - C_1^2}{2} \qquad (2-34)$$

式(2-34)说明,加给气体的机械功,用于增大气体的焓和动能。气体流过涡轮喷气发动机的压气机时,就是属于这种情况。压气机中,转子旋转把机械功加给气体,使气体受到压缩。因此,压气机出口气体的能量比压气机进口气体的能量大,其差值等于转子对气体所作的功。

(2)气体不对外界作机械功,只从外界获得热量。

此时 $w_s = 0$,且忽略位能变化,能量方程式(2-19)为

$$q = (h_2 - h_1) + \frac{C_2^2 - C_1^2}{2} \qquad (2-35)$$

式(2-35)说明,从外界加给气体的热量,用于增大气体的焓和动能。气体流过涡轮喷气发动机的燃烧室时,就是属于这种情况。

(3)气体同外界不发生热交换,只对外界作机械功。

当 $q = 0$,且忽略位能变化,于是式(2-19)便成为

$$-(h_2 - h_1) = w_s + \frac{C_2^2 - C_1^2}{2} \qquad (2-36)$$

式(2-36)说明,气体对外界做功和气体动能的增大,都是气体的焓降低的结果。气体流过涡喷发动机的涡轮时,就是属于这种情况。这时,气体把本身的焓降低,以便增大自己的动能,并对涡轮做功。

(4)气体流动的过程是绝能的,即同外界没有任何能量交换。

此时 $q=0,w_s=0$,且忽略位能变化,能量方程式(2-19)为

$$(h_2-h_1)+\frac{C_2^2-C_1^2}{2}=0 \qquad (2-37)$$

式(2-37)说明,在绝能流动中,气体的焓和动能之和始终是不变的。由于绝能流动过程中气体的总能量保持不变,所以气流状态的变化只是气体的焓和动能互相转换的结果。气体流过喷气发动机喷管时,就是属于这种情况。这时气体和外界没有能量交换,其总能量保持不变。在这个过程中,气体的焓不断降低,气体的动能则不断增大。

式(2-37)可写成

$$h_1+\frac{C_1^2}{2}=h_2+\frac{C_2^2}{2}=h^* \qquad (2-38)$$

式(2-38)中,h^* 为总焓。

该式表明,在绝能流动中,气体的总焓始终保持不变。

2.3.3 伯努利方程

在低速流动空气中,参与转换的能量有动能和压力能两种。①动能,气流开始流动,就有动能产生,流动速度越大,动能越大。②压力能,一定质量的空气,具有一定压力即静压,静压越大,压力能越大。根据能量守恒定律,气流稳定流过一条流管时,如果没有外界能量的输入,也就没有能量的损失,气流流动过程中的总能量始终是不变的。这就是伯努利原理。伯努利方程是能量守恒定律应用于运动流体所得到的数学关系式。

将热力学第一定律解析式(2-14)和能量方程(2-33)联立,则有

$$\mathrm{d}q=\mathrm{d}h-v\mathrm{d}p$$

$$\mathrm{d}q-\mathrm{d}w_s=\mathrm{d}h+C\mathrm{d}C+g\mathrm{d}Z$$

当不考虑气体的位能时,流动气体与外界无功交换的伯努利方程可表示为

$$-v\mathrm{d}p=C\mathrm{d}C \qquad (2-39)$$

对于不可压缩的理想气体,伯努利方程可表示为(忽略位能):

$$p+\frac{\rho c^2}{2}=常数 \qquad (2-40)$$

式中: p——静压;

$\frac{\rho c^2}{2}$——动压。

说明在不可压流中任一点流体的静压与动压之和保持不变。定义不可压流的静压与动压之和为全压,也可以称为总压,用 p^* 表示。静压是气体或液体静止时的压力;动压是气体或液体运动引起的压力。在不可压流中,当流动管道横截面积缩小时,流体的流速增大,压力下降;当流动管道横截面积扩大时,流体的流速下降,压力增高。

2.3.4　声速和马赫数

声速是物质介质中微弱扰动的传播速度。在气体动力学中声速是一个非常重要的量，因为气流速度与声速之比是判断气体压缩性质的指标。声速 a 与气体状态参数之间的关系式为

$$a=\sqrt{\left(\frac{\mathrm{d}p}{\mathrm{d}\rho}\right)S}\qquad(2-41)$$

式中：p——静压；

　　　ρ——密度。

由可逆绝热过程方程求导，得

$$a=\sqrt{kRT}\qquad(2-42)$$

式中：k——绝热指数；

　　　R——气体常数；

　　　T——气体静温。

流场中任一点处的流速与该点处气体的声速（当地声速）的比值，叫该点处气流的马赫数，用 M 表示。

气流 M 的大小可以表示气流速度的大小：$M<1$ 表示速度小于声速，叫做亚声速气流；$M=1$ 表示速度等于声速，叫做声速气流；$M>1$ 表示速度大于声速，叫做超声速气流。必须注意流体中各点的温度不同，声速也就不同，计算 M 数时，是用同一地点的速度与声速之比。

2.3.5　气流的总参数

绝能情况下，将气流速度滞止到零，这时气流的参数叫做滞止参数，也称为总参数。运用气流的滞止参数分析和计算问题比较方便，而且滞止参数也比较容易测量，所以气流的滞止参数得到了广泛的应用。

1. 总焓和总温

根据滞止参数的定义和绝能情况下的能量方程（2-38），可得

$$h^*=h+\frac{C^2}{2}\qquad(2-43)$$

对理想气体在定压比热为定值的情况下，有

$$T^*=T+\frac{C^2}{2C_p}\qquad(2-44)$$

式（2-43）和式（2-44）为总焓和总温定义式，气体绝能地滞止到速度为零时，气体的焓称为总焓，气体的温度称为总温，分别用 h^* 和 T^* 表示。从式（2-44）可见，总温的高低是由两项因数决定的：第一项 T 与气体的内能成正比，代表气体的内能大小；第二项与气体的动能成正比，代表气体动能的大小，称为动温。所以，总温的高低代表气体内能和动能之和的大小，也就是代表气流所具有的总能量的大小。总温越高，表示气流的总能量越大。

总焓与总温之间只差一个作为倍数的常数,即定压比热二者是成正比的,所以总焓的大小也代表气体所具有的总能量的大小。

在气体的总焓保持不变的情况下,气体的焓和温度是随着气流速度的减小而增大的。当气流速度减小到零,即气流完全滞止时,焓达到最大值。

根据总焓和总温的定义可知,为了求出管道任一截面处气体的总焓和总温,可以设想把该截面处的气流绝能地滞止到速度为零。这样,在任一截面处气体都有其对应的总焓和总温。

将

$$C_p = \frac{kR}{k-1}$$

代入式(2-44),得

$$T^* = T + \frac{k-1}{2}\frac{C^2}{kR} = T\left(1 + \frac{k-1}{2}\frac{C^2}{kRT}\right)$$

$$\frac{T^*}{T} = \left(1 + \frac{k-1}{2}M^2\right) \tag{2-45}$$

式(2-45)表明了气流在任一状态下,其总焓或总温与气流马赫数之间的关系,因此,在研究气体的运动时,对于任一截面,只要知道了它的温度和气流马赫数,就可求出该截面处气体的总焓和总温;反之,知道了该截面处气体的总温和气流马赫数,也可求出该截面处气体的温度。

2. 总压和总密度

在没有流动损失的情况下,气体绝能地滞止到速度等于零时,气体的压力和密度分别称为气体的总压和总密度,并相应用符号 p^* 和 ρ^* 表示。

由于滞止过程为可逆绝热过程,所以可用可逆绝热方程来确定气体的总压和总密度:

$$\frac{T^*}{T} = \left(\frac{p^*}{p}\right)^{\frac{k-1}{k}}, \quad \frac{T^*}{T} = \left(\frac{v}{v^*}\right)^{k-1} = \left(\frac{\rho^*}{\rho}\right)^{k-1}$$

将上式代入式(2-45),得

$$\frac{p^*}{p} = \left(1 + \frac{k-1}{2}M^2\right)^{\frac{k}{(k-1)}} \tag{2-46}$$

或

$$\frac{\rho^*}{\rho} = \left(1 + \frac{k-1}{2}M^2\right)^{\frac{1}{(k-1)}} \tag{2-47}$$

式(2-46)和式(2-47)表明了气流在任一状态下,其总压、总密度与其压力、密度之间的关系。因此,在研究气体的流动时,对于任一截面处的气体,只要知道了它的压力、密度和气流马赫数,就可求出该截面处气体的总压和总密度。反之,知道了该截面处气体的总压、总密度和气流马赫数,也就可以求出该截面处气体的压力和密度。

式(2-46)说明,在气体的总能量相同($h^* =$常数)并膨胀到同样压力的情况下,总压较大的气体马赫数较大。这说明总压较大的气体具有较大的做功能力,即具有较大的机械能。因此,气体总压的大小代表气体做功能力的大小,即气体具有机械能的大小。

在没有流动损失的绝能流动过程中,由于绝能,气体没有机械能的输入与输出,由于没有流动损失,气体的机械能不会不可逆地转换为热,就是说,气体所具有的机械能的大小是不变的,因此,气体的总压的大小也是不变的。但在有流动损失的绝能流动过程中,气体的一部分机械能将由于摩擦而不可逆地转换为热,因此气体做功的能力就要变小,气体的总压必然减小。所以,气体总压的减小意味着一种损失,它使气体做功的能力变小,使气体的能量中能够转换为功的部分减小。

2.3.6　气体在管内的流动

不可压流体在管内稳定流动时,其流速与管道横截面积成反比,但是对于可压流体,由连续方程式(2-29)可以看出,气流速度变化不仅与管道横截面积有关(见图 2-13),而且还与流体的密度变化有关。

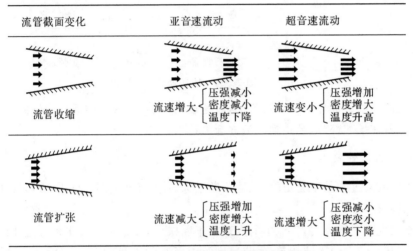

图 2-13　气流速度与管道横截面积的关系

1. 喷管与扩压管

根据流动气体与外界无功交换的伯努利方程微分式,即

$$-v\mathrm{d}p = C\mathrm{d}C$$

可知:气体在管道内作可逆稳定流动时,若气体的压力降低,其流速必然增加;反之,当管道中气体的流速降低时,气体的压力必然增加。把这种使气流压力降低、流速增加的管道,称为喷管;把使气体的流速降低、压力增加的管道,称为扩压管。

2. 速度与管道横截面积的关系

$$\frac{\mathrm{d}A}{A} = (M^2 - 1)\frac{\mathrm{d}C}{C} \tag{2-48}$$

方程式(2-48)给出了气流速度与管道横截面积的基本关系。

由式(2-38)和式(2-48)可以得出以下结论。

(1)当 $M < 1$ 时:若 $\mathrm{d}A < 0$,则 $\mathrm{d}C > 0$,$\mathrm{d}p < 0$;若 $\mathrm{d}A > 0$,则 $\mathrm{d}C < 0$,$\mathrm{d}p > 0$。即

亚声速气流沿着收敛型管道流动时,流速增加,压力降低;反之,沿扩散型管道流动时,流速减小,压力升高。

（2）当 $M > 1$ 时:若 $\mathrm{d}A < 0$,则 $\mathrm{d}C < 0$,$\mathrm{d}p > 0$;若 $\mathrm{d}A > 0$,则 $\mathrm{d}C > 0$,$\mathrm{d}p < 0$。即超声速气流沿着收敛型管道流动时,流速减小,压力升高;反之,沿扩散型管道流动时,流速增加,压力降低。

欲使气流在管道中自亚声速连续增速至超声速,必须采用由收敛部分和扩散部分组合而成的收敛扩散型管,即拉瓦尔管(见图 2-14)。

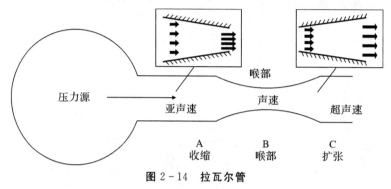

图 2-14　拉瓦尔管

此时,气流在收敛部分以亚声速流动,流速逐渐增加,到最小截面处(喉部),流速恰好到当地声速,然后在扩散部分,超声速气流逐渐加速。

3.收敛管的工作状态

亚声速气流流过收敛型管道时,流速不断增大,压力不断减小,与此同时,气体的温度和密度也相应地减小。

当气流速度逐渐增大时,气流中的声速将不断减小,于是必然会出现气流速度增大到某一值时,正好与气流中的声速相等,气流速度等于当地声速,即 $M = 1$ 时的状态,叫做临界状态。气流的速度叫做临界速度,与此相应,这时气流的声速叫做临界声速,分别用 C_{cr} 和 a_{cr} 表示。与临界速度相对应的气体压力、温度和密度分别叫做临界压力 p_{cr}、临界温度 T_{cr}、和临界密度 ρ_{cr}。

在临界状态下,气流的马赫数等于1,应用式(2-45)、式(2-46)和式(2-47),即可分别求出临界温度、临界压力和临界密度与对应的总温、总压和总密度之比:

$$\frac{T^*}{T_{cr}} = \left(\frac{k+1}{2}\right) \tag{2-49}$$

$$\frac{p^*}{p_{cr}} = \left(\frac{k+1}{2}\right)^{\frac{k}{(k-1)}} \tag{2-50}$$

$$\frac{\rho^*}{\rho_{cr}} = \left(\frac{k+1}{2}\right)^{\frac{1}{(k-1)}} \tag{2-51}$$

式(2-49)、式(2-50)和式(2-51),分别称为临界温度比、临界压力比和临界密度比。它们的大小仅和绝热指数 k 的值有关,所以当气体的性质确定时,它们都有确定的数值。

例如对空气来说,$k = 1.4$,故空气的临界温度比、临界压力比和临界密度比分别为

$$\frac{T^*}{T_{cr}}=1.2 \quad \frac{p^*}{p_{cr}}=1.89 \quad \frac{\rho^*}{\rho_{cr}}=1.577$$

对燃气来说,$k=1.33$,故燃气的临界温度比、临界压力比和临界密度比分别为

$$\frac{T^*}{T_{cr}}=1.165 \quad \frac{p^*}{p_{cr}}=1.85 \quad \frac{\rho^*}{\rho_{cr}}=1.588$$

由于收敛管进出口压力比的大小,与进口气体总压和管道出口后气体的压力(即管后外界的气体压力)有关,在实际工作中,进口气体总压和管后气体压力会发生变化,所以有可能使进口气体总压与管后气体压力的比值(简称为可用压力比)出现等于、小于和大于临界压力比的三种情况,从而使收敛管的工作出现临界、亚临界和超临界三种状态。具体内容在第7章中讨论。

思 考 题

1.描述牛顿第一、第二和第三定律。

2.什么是状态参数?

3.简述热力学第一定律解析式的内容。

4.热力学第二定律的开尔文、克劳修斯两种说法如何表述?

5.热力学第二定律对喷气发动机的实际物理意义有哪些?

6.定压比热与定容比热的关系如何?

7.影响喷气发动机实际循环热效率的因素有哪些?

8.何为连续方程?

9.何为能量方程?

10.何为不可压流的伯努利方程?

11.气体流动基本方程包括哪些?

12.什么是声速? 为什么高空声速低?

13.试述亚声速气流通过拉瓦尔管时,如何转变成超声速气流?

第3章 进 气 道

▶学习目标
　　1.掌握进气道的功用,熟悉进气道的基本要求。
　　2.熟悉亚声速进气道的进口气流模型,掌握亚声速进气道的几个常见参数,熟悉进气道的维护事项。
　　3.熟悉超声速进气道的基本类型。
　　4.掌握进气道的常用防冰方法。

3.1　进气道的功用和基本要求

　　发动机安装在飞机的机身里或单独的发动机短舱里,必须要有空气进口管管道系统向发动机提供它所需要的空气。从发动机进口到压气机进口这一段管道,称为进气道,如图3-1所示。对于涡扇发动机,进气道是指发动机短舱进口到风扇进口,如图3-2所示。压气机进口处的气流马赫数通常不大于0.6~0.7。因此,在飞行中,当飞行气流马赫数大于压气机进口的气流马赫数时,进气道还起着把气流速度滞止下来的作用,把气流的速度动能转变为压力的升高。所以,有时也把进气道称为进口扩压器。

　　1.进气道的功用

进气道的主要作用有以下两种:
(1)在各种状态下,将足够量的空气,以最小的流动损失,顺利地引入压气机。
(2)当压气机进口处的气流马赫数小于飞行马赫数时,通过冲压压缩空气,提高空气的压力。

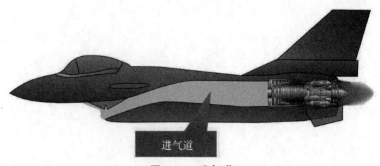

图3-1　进气道

图 3 - 2 典型涡扇发动机的进气道

2.进气道的基本要求

对进气道的基本要求通常有以下五方面:

(1)在各种飞行条件下,能提供发动机所需要的空气流量,并使气流在进气道中的总压损失尽可能减小,还应保证在地面起飞状态下,也具有较高的总压系数,如计算表明气流总压损失 1%,将使发动机推力损失 1.25% 或更大。

(2)进气道出口处的流场要均匀。进气道出口处流场不均匀,将使压气机的效率下降甚至不能稳定工作。

(3)进气道本身能稳定工作,不发生喘振。进气道喘振时,气流来回振荡,也将使发动机不能稳定工作。

(4)进气道的阻力要小,也就是进气道的附加阻力、压差阻力和摩擦阻力要小,否则,将使发动机的有效推力减小。

(5)结构简单,重量轻,设计和调节简单。

进气道可分为亚声速进气道和超声速进气道两大类。而超声速进气道又可分为内压式、外压式及混合式三种。由于民用飞机主要在亚声速飞行,其采用的进气道几乎全是亚声速进气道。

3.2 亚声速进气道

3.2.1 亚声速进气道的组成和工作原理

亚声速进气道由壳体和整流锥组成,如图 3 - 3 所示。由于进气道前是一段扩张形的管道,流通面积逐渐变大,而整流锥与壳体所构成的环形通道稍有收敛。所以在前一段进气道气流参数的变化规律是速度下降、压力和温度升高,也就是空气受到压缩。这种由于空气本身速度降低而受到的压缩叫做冲压压缩。整流锥后气流速度稍有上升,压力和温度稍有下降,这样可以使气流比较均匀地进入压气机以保证压气机的正常工作。进气道内所进行的能量转换是动能转变为压力位能和热能。

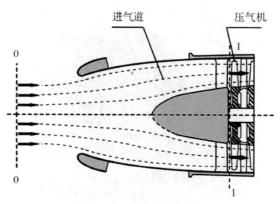

图 3 - 3 亚声速进气道

进气道前气流未受扰动处的截面为 0 - 0 截面，进气道的进口和出口截面分别为 01 - 01 和 1 - 1 截面。

一定的进气道，它的进口流动模型取决于发动机的工作状态和飞行的马赫数。我们定义：进气道远前方截面的面积 A_0 与进气道唇口处的面积 A_{01} 的比值为流量系数 ϕ。飞机的飞行速度不断地变化，发动机工作状态也不断变化。进气道前方可能出现各种流态，其流量系数也不断变化，如图 3 - 4 所示。

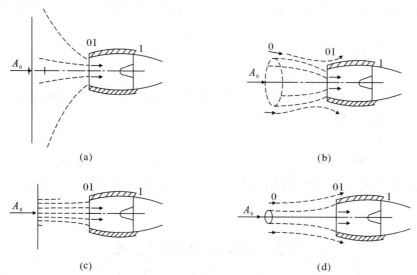

图 3 - 4 流量系数和流线谱

(a)$M_0 = 0, \phi = \infty$；(b)$M_{01} > M_0, \phi > 1$；(c)$M_{01} = M_0, \phi = 1$；(d)$M_{01} < M_0, \phi < 1$

3.2.2 亚声速进气道的主要参数

1. 总压恢复系数 σ_i^*

总压恢复系数是进气道出口气流总压 p_1^* 和未受扰动截面的气流总压 p_0^* 之比，即

$$\sigma_i = \frac{p_1^*}{p_0^*} \tag{3-1}$$

总压恢复系数用来衡量进气流动过程中损失的多少。总压恢复系数是小于 1 的一个数字,飞行中亚声速进气道的总压恢复系数通常为 0.94～0.98。气流在进气道内流动,总存在着流动损失。流动损失可分为唇口损失和通道内部损失两种,如图 3-5 所示。

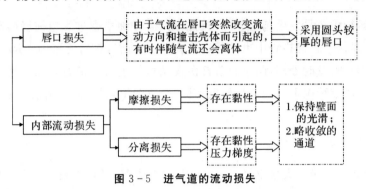

图 3-5　进气道的流动损失

唇口损失是由于气流在唇口突然改变流动方向和撞击壳体而产生,有时气流还会离体。通常采用圆头较厚的唇口,使之适应不同流谱,使气流不易离体。因为圆头唇口不像尖头唇口那样对流动的方向很敏感。

通道内部损失包括摩擦损失和分离损失。摩擦损失是由进气道内壁面与气流之间的摩擦力所引起的。内壁面应做得尽可能的光滑,可以减小摩擦损失。另外,减小进气道中的气流速度,也可以减小摩擦损失。分离损失是由气流附面层离体而产生的,当通道内扩张角度过大时就易于产生。因而它取决于通道中气流的压力梯度或通道的扩散角。

气流在流过进气道外部时,也存在摩擦损失和分离损失。当气流以较大的迎角流向进气道时,可能在外壁面分离,使进气道的阻力增大。

2. 冲压比 π_i^*

冲压比是进气道出口处的总压 p_1^* 与远方气流静压 p_0 的比值,即

$$\pi_i = \frac{p_1^*}{p_0} = \sigma_i \left(1 + \frac{k-1}{2}\frac{C^2}{kRT_0}\right)^{\frac{k}{k-1}} \qquad (3-2)$$

式中: C——飞行速度;

　　k——绝热指数;

　　R——气体常数;

　　T_0——大气温度。

冲压比越大,说明空气在压气机前的冲压压缩越大。大气温度不变,飞行速度增加时,冲压比增大。飞行速度不变,大气温度降低时,空气越易压缩,冲压比增大;反之,大气温度升高时,冲压比减小。飞行高度变化时,在 11 000 m 高度以下,飞行高度升高时,大气温度降低,冲压比增大;在 11 000 m 高度以上,飞行高度改变时,大气温度保持不变,冲压比也保持不变。空气在进气道中的流动损失增大,气体总压减小,冲压作用减弱,冲压比减小。

3.2.3 亚声速进气道的维护注意事项

1. 进气道的常见维护工作

进气道在运行中容易发生鸟击等外来物损伤,需仔细检查进气道前缘唇部等区域是否有凹坑、裂纹等损伤。日常检查中也需仔细检查进气道前缘铆钉等紧固件是否有松动情况,发现有松动的铆钉需及时处理,防止脱落打伤发动机。进气道消音板在长期使用中可能会发生腐蚀、分层,严重情况下会脱落打伤发动机,造成严重后果,需严格按照维修要求执行检查工作。

2. 安全注意事项

发动机工作时,会吸入大量空气,排出高温、高速燃气,并产生很大噪声。为避免人员受伤和设备损坏,在飞机前、后都规定了危险区域,其面积大小随发动机的大小、位置、推力和风速的不同而不同。典型飞机发动机的进气危险区如图 3-6 所示。不同的发动机,在其飞机维护手册中,对这些区域都有具体的规定。需严格遵守安全注意事项,避免因进入危险区造成人身伤害。[1]

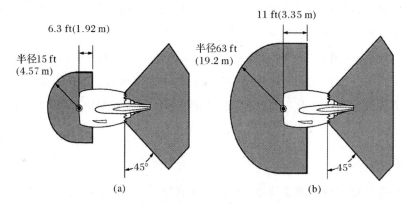

图 3-6　典型飞机发动机的进口危险区
(a)最小慢车;(b)起飞功率

3.3　超声速进气道

由于发动机的压气机进口处的气流都是亚声速,超声速飞机上的进气道必须使进来的气流减速成亚声速气流。当超声速飞机的设计飞行马赫数较大时,如果仍然使用亚声速进气道会存在很强的脱体激波,总压恢复系数很低,发动机的推力损失严重。为避免大马赫数下的发动机推力严重损失,通常采用超声速进气道。

根据设计状态下超声速气流滞止过程的特点,超声速进气道分为内压式、外压式和混合

式三种类型,如图 3-7 所示。

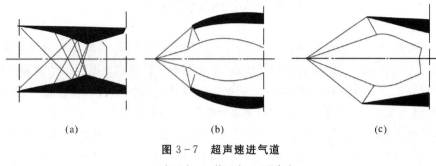

| (a) | (b) | (c) |

图 3-7 超声速进气道

(a)内压式;(b)外压式;(c)混合式

1.内压式进气道

在设计状态下,超声速来流完全在进气道的收缩-扩张管道中减速成亚声速。理想的超声速内压式进气道是一个具有特殊形面的先收敛后扩张的管道。特殊的形面保证气流利用扩压降速原理从超声速到亚声速完全在进气道之内完成。

实际的内压式进气道壁面上有附面层存在,而且附面层沿着通道迅速扩展。若在超声速段的形面上有用以形成斜激波的转折,则当这些斜激波与附面层相互作用时,气流可能会从通道壁面上分离,从而破坏了设计的流动方向。除此之外,内压式进气道在实际使用中遇到的主要障碍是将其引入到设计状态的过程太复杂,也就是所谓的内压式进气道"启动"问题。

2.外压式进气道

超声速外压式进气道由外罩和中心体组成。在设计状态下,超声速气流流过中心体产生的斜激波会减速,但仍然为超声速,再经过位于进气道进口的正激波变为亚声速,然后在扩张的通道内继续减速。外压式进气道一般限于飞行马赫数为 2.0 以下时使用。

外压式进气道的波系一般由几道斜激波和一道结尾正激波组成。根据气体动力学可知,在飞行马赫数一定时,每个波系的总压恢复系数存在最大值,波系的激波数目越多,总压恢复系数越高。理论上,当激波数目趋于无穷大时,便可实现超声速气流的等熵滞止减速过程,但实际上,激波的数目受到进气道外罩上激波脱体的限制。因为激波数目越多,气流的转折角越大,相应的外罩前缘的角度也越大,所以致使其激波脱体。

3.混合式进气道

超声速混合式进气道也由外罩和中心体组成,但是,其进气道内通道与内压式超声速进气道先收敛后扩张型的管道相似,即由外压式和内压式组成。超声速气流在进气道外中心体产生一道或多道斜激波压缩后,仍然是超声速,再进入进气道以内继续压缩,通过喉部或扩张段中的正激波后转变为亚声速。由于混合式超声速进气道兼有外压式和内压式进气道的优点,飞行马赫数大于 2.0 的飞机有很多采用了混合式进气道。

3.4 进气道防冰

当飞机穿越含有过冷水珠的云层或在有冷雾的地面工作时,发动机和进气道前缘处会结冰。这会大大影响通过发动机的空气流量,造成发动机性能损失甚至发生故障。而且,由于工作时发动机振动,因振动而脱落下来的冰块一旦被吸入发动机或撞击进气道吸音材料衬层,也可能会导致发动机损坏,因此必须采取措施来防止结冰。

防冰系统必须在飞机使用要求范围内有效地防止冰的生成。防冰系统必须可靠,易于维护,不会过分增加重量,且在工作中不会引起发动机严重的性能损失。

目前有两种基本的防冰方法:热空气防冰和电加温防冰。涡轮喷气发动机或涡轮风扇发动机一般采用热空气防冰,涡轮螺旋桨发动机采用电加温或热空气与电加温混合的方式来防冰。热空气系统在可能会结冰的地方为发动机提供表面加温。转子叶片几乎没有必要进行保护,因为任何积冰都会被离心作用驱散。如果静子装在压气机第一级转子的上游,则可能需要进行防冰保护。如果鼻锥是旋转的,也可不必采取防冰措施,只要其形状、结构和旋转特性能使结冰限制在允许的程度内。电加温垫粘接在整流罩的外蒙皮上,由夹在氯丁橡胶或浸渍环氧树脂的玻璃布层之间的条形导电层板组成。为了防止电加温垫受到雨水腐蚀,在其表面涂有特殊的聚氨基甲酸乙酯漆涂层。当除冰系统工作时,一些地方被连续加温以防止前缘处结成冰帽,同时限制那些断续加温地方的结冰程度。

典型的发动机进气道防冰系统包括驾驶舱的控制电门、防冰活门与监控传感器,如图3-8所示。与机翼防冰系统类似,无电子式结冰探测器的飞机控制电门为ON/OFF位,选装了电子式结冰探测器的飞机可以设置AUTO位。

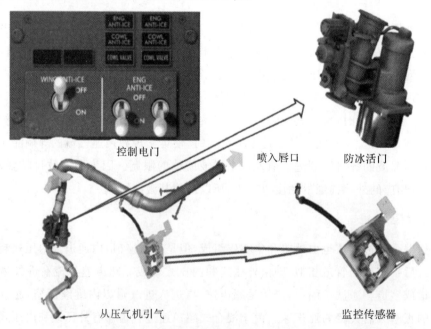

图3-8 典型发动机的进气道防冰系统

发动机防冰活门的工作模式通常设计为电磁线圈通电时关闭、断电时打开,这样可以确保电控信号故障后,活门会失效在打开状态,仍然可以有效完成防冰功能。这种设计被称为失效安全模式。

RB211、CFM56 和 V2500 等发动机的防冰措施为:压气机进口处没有导流叶片,只有和风扇叶片一起旋转的进气整流锥。整流锥分为两段,前段由复合材料制成,后段由钛合金制成,前后段用连接螺栓固定在一起。试验结果表明,这种整流锥结冰的可能性很小,所以这类发动机的进气整流锥都没有防冰装置。

发动机进气道唇口通常使用发动机压气机引气来进行防冰,如图 3-9 所示。热气经过防冰活门与管路后进入唇口,最后从位于唇口下部的出口排出机外。典型发动机的防冰空气管如图 3-10 所示。典型发动机的防冰空气出口如图 3-11 所示。

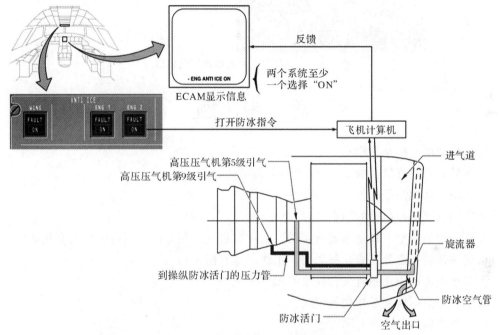

图 3-9　典型发动机的热空气防冰

图 3-10　典型发动机的防冰空气管

进气道防冰空气出口

图 3-11　典型发动机的防冰空气出口

思　考　题

1. 进气道的功用是什么？
2. 说明亚声速进气道的组成、气流参数的变化规律。
3. 影响发动机流量的因素有哪些？
4. 影响进气道冲压比的因素有哪些？
5. 进气道的流量系数是如何确定的？亚声速进气道在亚声速飞行时它的变化如何？
6. 超声速进气道分为哪几种类型？工作原理有何区别？
7. 进气道的冲压比随着飞行高度是如何变化的？
8. 进气道总压恢复系数如何定义？
9. 进气道的防冰方法有哪些？

第4章 压 气 机

▶学习目标

1.掌握压气机的作用及类型。

2.掌握压气机的转子形式,转子叶片的形式,掌握压气机机匣的形式以及静子叶片的固定方式。

3.熟悉压气机基元级的概念,掌握速度三角形变化规律,掌握基元级的增压原理。

4.熟悉压气机发生喘振的原因,掌握防止喘振的原理及措施。

5.熟悉离心式压气机的结构、原理与工作特点。

压气机是燃气涡轮发动机的一个重要组成部分,它接受涡轮的功对空气进行压缩,提高空气压力。

压气机的主要作用是:提高流过它的空气的压力,为燃气膨胀做功创造条件,从而提高热效率,改善发动机的经济性,增加发动机的推力。此外压气机还可用来引气,即从压气机某一级处引出具有一定压力和温度的空气,用于座舱增压、座舱空调、驱动有关装置以及调节一些部件和附件的温度等以满足发动机和飞机的不同需要。

压气机提高空气压力的方法,是利用高速旋转的叶轮,连续不断地对空气做功。通常按照气流沿着压气机转子流动和增压方式,可分为离心式压气机、轴流式压气机以及由轴流式压气机和离心式压气机组合在一起的混合式压气机,如图 4-1 和 4-2 所示。空气流过离心式压气机时,在工作叶轮内沿远离叶轮旋转中心的方向流动;空气流过轴流式压气机时,空气在工作叶轮内基本沿发动机的轴线方向流动。

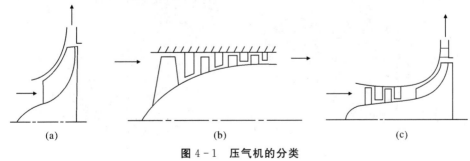

图 4-1 压气机的分类

(a)离心式;(b)轴流式;(c)混合式

离心式压气机结构简单,单级增压比高,主要用于小型涡轴发动机、涡桨发动机和大型飞机的辅助动力装置。轴流式压气机的总增压比高、效率高、单位空气流量大。在相同外廓尺寸条件下采用轴流式压气机的发动机,推力更大、耗油率更低,目前在燃气涡轮发动机上特别是在大、中推力的发动机上几乎普遍地采用轴流式压气机。

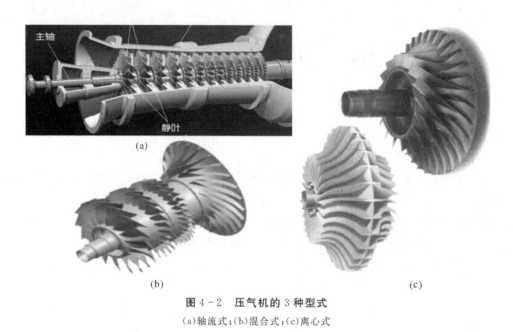

图 4 - 2 压气机的 3 种型式

(a)轴流式;(b)混合式;(c)离心式

4.1 轴流式压气机的结构

轴流式压气机主要由两个基本部件组成:一个是旋转部件,即转子;一个是固定部件,即静子,如图 4 - 3 所示。转子的功用是对空气做功,压缩空气,提高空气的压力;静子使空气扩压,继续提高空气的压力。

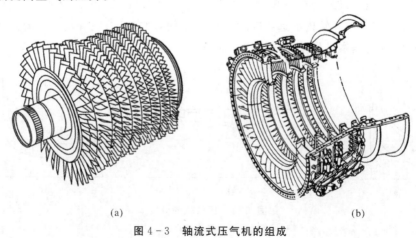

图 4 - 3 轴流式压气机的组成

(a)转子;(b)静子

转子由多级工作叶轮组成,而每级工作叶轮又由一排工作叶片、轮盘和轴组成,被支承在前后轴承上,并由涡轮带动高速旋转,对气流做功。压气机转子一般是简支的,也有些是悬臂支承,或部分轮盘外伸。

静子是静止组合件的总称,由整流器和机匣组成,每个整流器都包括一排整流叶片和内外环组成的圆环,所以又称整流环。各级整流器都固定在机匣上。在单转子涡喷发动机中,压气机机匣由进气装置、整流器机匣和扩压器机匣组成。在双转子涡扇发动机中,在风扇与压气机之间还有一分流机匣,将内外涵道的气流分开;在高低压压气机之间有一中间机匣,将气流由低压压气机顺利地引入高压压气机。

轴流式压气机的叶轮和整流器是交错排列的,一个叶轮和一个整流器组成一个单级的轴流式压气机,它是多级轴流式压气机的基本单元。由于每级的增压能力不大,故都采用多级组成。

在双转子涡轮喷气发动机中,压气机转子又分为低压转子和高压转子;在双转子涡扇发动机中,低压转子就是风扇转子或者风扇转子和低压压气机转子的组合,两个转子没有机械上的固定联系,各自以不同的转速旋转。图 4-4 为 CFM56 双转子发动机。

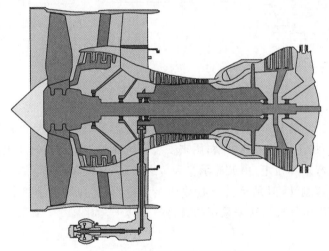

图 4-4 CFM56 双转子发动机

4.1.1 轴流式压气机的转子

1. 转子的基本形式

轴流式压气机转子主要特点是转速高,每分钟达数千至数万转。在转子零件及其连接处承载着巨大的惯性力、气体力、扭矩等负荷。因此,压气机转子必须具有足够的强度和刚度。转子结构所要解决的基本矛盾是:在尺寸小、重量轻、结构简单、工艺性好的前提下,转子零组件及其连接处应保证可靠的传力、良好的定心和平衡、足够的刚性。典型发动机的压气机转子由工作叶片、轮盘、轴及连接件组成,如图 4-5 所示。压气机转子通常有鼓式、盘式和鼓盘式三种结构形式,如图 4-6 所示。

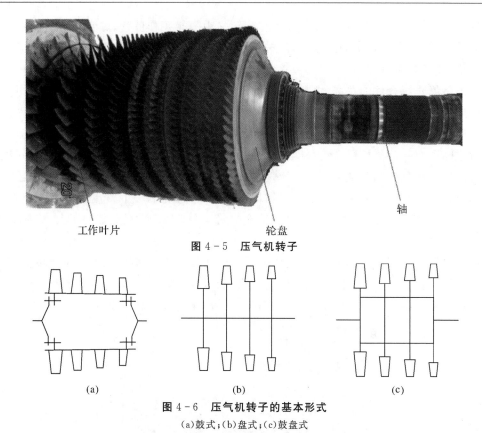

工作叶片   轮盘   轴

图 4 - 5   压气机转子

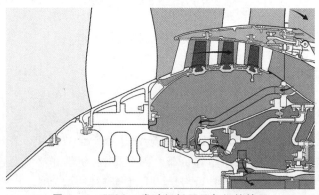

(a)   (b)   (c)

图 4 - 6   压气机转子的基本形式
(a)鼓式；(b)盘式；(c)鼓盘式

（1）鼓式转子。它的基本构件是一圆柱形或圆锥形鼓筒，借安装边和螺栓与前、后半轴连接。鼓筒外表面加工有环槽或纵槽，用来安装转子叶片。作用在转子上的主要负荷（叶片和鼓筒的离心力、弯矩和扭矩）由鼓筒承受和传递。鼓式转子结构简单，零件数目少，加工方便，具有较高的抗弯刚性，但是承受离心载荷能力差，只能在圆周速度较低的条件下使用。CFM56 发动机低压压气机的转子采用的就是鼓式转子，如图 4 - 7 所示。

图 4 - 7   CFM56 发动机低压压气机的转子

（2）盘式转子。它由一根轴和若干个轮盘组成，用轴将各级轮盘连成一体，如图 4 - 8 所示。盘缘有不同形式的榫槽用来安装转子叶片。盘心加工成不同形式，即用不同的方法在共同的轴上定心和转扭。盘式转子的优点是承受离心载荷能力强，但是抗弯刚性差。

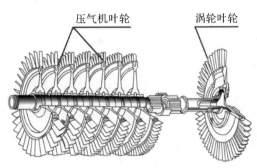

图 4-8　盘式转子

（3）鼓盘式转子。它由若干个轮盘，鼓筒和前、后半轴组成。盘级有各种形式的榫槽用来安装转子叶片。级间连接可采用焊接，径向销钉，轴向螺栓或拉杆，转子叶片，轮盘和鼓筒的离心力由轮盘和鼓筒共同承受，扭矩经鼓筒逐级传给轮盘和转子叶片、转子的横向刚性由鼓筒和连接件保证。鼓盘式转子兼有鼓式转子抗弯性好和盘式转子强度高的优点，得到了广泛的应用。

CFM56 发动机高压压气机的转子采用的就是鼓盘式转子，如图 4-9 所示。前三级钛合金轮盘和后六级钢盘先用摩擦焊焊接成两个组合件，然后用螺栓连接成为一个转子。这种转子结构简单、重量轻、级间传扭和定心问题也容易解决。

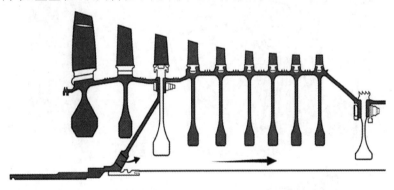
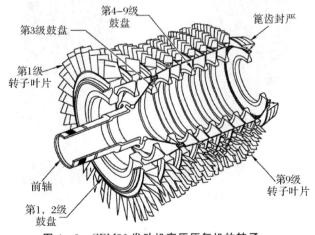

图 4-9　CFM56 发动机高压压气机的转子

由于转子是一个高速旋转的承力件,若转子零组件的定心不妥,转子装配不当,会导致平衡不好,横向刚性不足,当压气机高转速工作时,转子就会剧烈振动而影响发动机正常工作。目前,发动机上常采用以下几种形式的转子:用径向销钉连接的鼓盘式转子、用若干根拉杆或螺栓连接的鼓盘式转子和焊接的整体式转子。

2.转子叶片

转子叶片是轴流式压气机最重要的零件之一,它主要由叶身和榫头组成。老式的发动机风扇叶片叶身中部带有减振凸台(见图4-10)或加强筋,以避免发生共振,损伤叶片。现代发动机采用宽弦风扇叶片,无减振凸台或加强筋,为了减轻重量采用了带蜂窝夹层结构的钛合金叶片。典型发动机的风扇叶片如图4-11所示。典型压气机的转子叶片如图4-12所示。

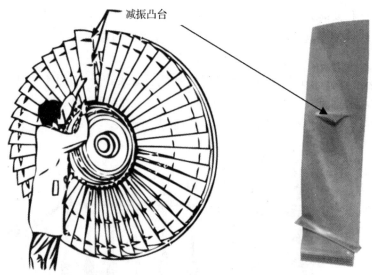

图 4-10　带减振凸台的风扇叶片

图 4-11　风扇叶片

图 4-12　压气机转子叶片

发动机长期使用会使叶片及压气机转子叶尖处较为尖锐,在实际工作中拆换叶片时应做好保护措施避免人员受伤。风扇叶片在日常使用中容易遭受鸟击等外来物损伤,产生凹痕、刻痕、缺口、裂纹、撕裂、叶片变形擦伤等损伤,同时在长时间在翼使用可能由于疲劳发生断裂。对金属材料的风扇叶片,其榫头和风扇盘榫槽需要定期润滑以保持发动机振动值在合理水平。对在发动机厂家手册标准内的损伤,可以正常使用,对不允许的损伤,必须打磨修理风扇叶片甚至更换叶片才能使用。更换风扇叶片时一般成对更换,如果单片更换,由于叶片的重量矩不一定匹配,可能需要重排叶片。

为预防风扇叶片疲劳断裂,需要定期对其进行无损检测,提前发现并更换缺陷的叶片。保持停机坪和跑道的干净,严格管理工具和零件,防止杂物吸入或掉入发动机打坏叶片。准确掌握风扇叶片的损伤形式和特征,在进行检查时准确测量各缺陷的尺寸,严格按手册标准使用发动机。

减小榫头的周向尺寸可以保证在轮盘上安装足够数目的叶片,提高级的做功能力。可靠地固定是指连接处应有足够的强度、适宜的刚性和小的应力集中。工作时,在叶片上作用着巨大的离心力、气体力和振动负荷。轴流式压气机转子叶片榫头的形式有销钉式、燕尾形和枞树形,如图 4-13 所示。

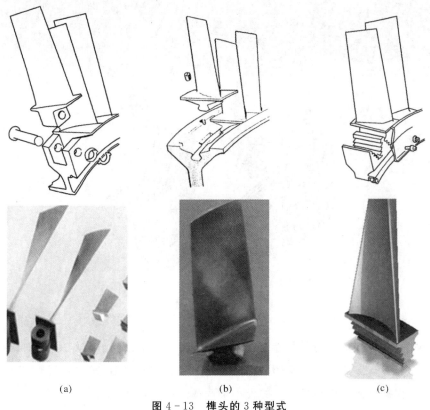

(a)   (b)   (c)

图 4-13 榫头的 3 种型式
(a)销钉式;(b)燕尾形;(c)枞树形

(1)销钉式榫头。目前轴流式压气机的销钉式榫头多采用凸耳铰接的方式。叶片借凸耳跨在盘缘上或插在盘缘的环槽内,用销钉或衬套承剪,以传递叶片的离心力。衬套与凸耳孔之间、凸耳和轮盘侧面之间均留有间隙,工作时允许叶片绕销钉摆动有减振和自定位的作用。当叶片较长,离心力较大时,可将盘缘作成Ш字形,使销钉的承剪面由2个变为4个,以改善承剪零件的受力情况。这种结构的优点是工艺和装配简单,同时铰接的销钉式榫头是目前轴流式压气机消除叶片危险性共振的有效措施之一。但是叶片的负荷是通过销钉承剪传给盘缘,不是由榫头直接传给盘缘,因此榫头的尺寸和重量较大,所能传递的负荷也受到限制。

(2)燕尾形榫头。叶片用燕尾形榫头插入轮盘的燕尾形槽内,依靠榫头侧表面定位和传力,轮缘上的燕尾槽可以是纵槽,也可以是环槽(见图4-14)。

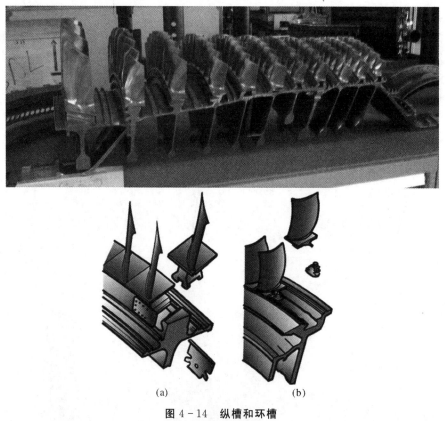

(a)   (b)

图4-14　纵槽和环槽

(a)纵槽;(b)环槽

叶片榫头必须槽向固定,防止叶片在气体力和离心力的槽向分力作用下在槽内移动,保证压气机可靠工作,保持整个转子的平衡。槽向固定的方式很多,通常采用卡圈、锁片、挡销等锁紧方式,根据具体结构和槽向力的大小来选择。

目前在轴流式压气机上广泛采用燕尾形榫头,其优点是:榫头尺寸较小,重量较轻,并能承受较大的负荷;榫槽采用拉削加工,生产率高,加工方便。它的主要缺点是榫槽内有较大的应力集中。

(3)枞树形榫头。这种榫头广泛用在涡轮上,在压气机上较少采用。由于这种榫头各部分应力接近等强度,因而与其他型式榫头相比,尺寸最小,重量最轻,能承受更大的负荷。但是应力集中也最严重,工艺性也较差。

综上可见:销钉式榫头具有减振和自定位作用等优点,因而多用在压气机前几级较长的叶片上;燕尾形榫头尺寸较小,重量较轻,适于大量生产,因而广泛用在压气机的转子叶片上;枞树形榫头尺寸最小,能承受更大的负荷,因而用在特别长的压气机前几级叶片上,或叶栅稠度特别大的后几级叶片上。

4.1.2 轴流式压气机的静子

1.压气机机匣

压气机机匣是一个圆柱形或圆锥形(视气流通道开头而定)的薄壁圆筒,工作时,机匣承受着静子的重量和惯性力、内外空气压差、整流器上的扭矩和轴向力,以及相邻组合件传来的弯矩、扭矩、轴向力等。因此,对机匣结构的基本要求是:在重量轻的前提下,强度和刚性好,能保持精确的转子叶片尖部间隙,以保证尽可能高的效率。为了达到这些要求,前部可使用铝合金,后部可使用合金钢,也可能需要用镍基合金。钛合金的刚性密度比较高,这使其比铝合金和钢更受欢迎。

压气机机匣的基本形式有分半式、分段式和整体式 3 种。它们与压气机的拆装、机匣的材料和制造方法有着密切关系。

(1)分半式机匣。整流器为两个半环,分别装入两半机匣内,待压气机转子平衡好后,将两半机匣合拢安装。可见,采用分半式机匣的压气机装配最简便,也容易选择整流器和转子的结构方案,即方案的适应性强。但是分半式机匣解决了压气机装配的矛盾,却又带来了纵向接合面的连接、定位和密封等问题。要求接合面精细加工,而且采用增大安装边的连接刚性(即增大安装边的厚度和增多螺栓数目)来解决。纵向安装边解决了分半式机匣的连接、定位和密封的矛盾,但是带来了机匣周向刚性不均的新问题。当工作受热时,机匣由于刚性不均,引起热变形不协调而出现椭圆度。工作温度愈高,这种现象愈严重。为了解决这个矛盾,就必须增多纵向加强肋和采用横向加强肋。这样机匣可能会增加一些重量。

(2)分段式机匣。其级间的连接存在定心和密封问题,可用安装边和螺栓连接来解决。机匣间的定心用圆柱面配合来保证,这种形式的机匣存在着重量大、多次定心的缺点。解决机匣周向刚性不均的一种方法是在压气机装配许可的条件下,采用分段式机匣。

(3)整体式机匣。在压气机装配允许的情况下,多采用整体式机匣。整体式机匣重量最轻,加工量最少,周向刚性均匀。但是,压气机的装配就更复杂一些。

典型涡轮风扇发动机的高压压气机机匣分为前机匣和后机匣。前机匣通常做成两半,如图 4-15 所示,由螺栓在中心线连接。它支持前面级的静子叶片。后机匣有做成两半的,也有做成轴向分段的。前压气机机匣支持结构载荷,比如弯曲和扭转,使后压气机机匣不因载荷变形。压气机静子机匣上有开口供应引气空气。引气空气取自不同的级满足使用要求。

在目前高涵道比的涡扇发动机上，为了提高性能，减少在寿命期内性能衰退，整流器机匣多做成双层。外机匣承力，内机匣构成气流通道外壁。工作时，当外机匣有较大变形时，不会影响内机匣圆度，使转子叶片叶尖始终保持均匀的径向间隙。如 RB211 发动机的中、高压压气机机匣都做成双层；CFM56，JT9D，PW4000 发动机的高压压气机后几级也做成双层，加强由高压压气机至扩压机匣之间缩腰处的刚性；V2500 发动机的高压压气机不仅采用双层机匣，内机匣又做成双层盒式结构，增强刚性，保持圆度，当然这样会增加重量。机匣的结构，特别是风扇机匣的结构还要求具有一定的包容能力，即在发动机转速最大时，转子叶片，特别是风扇叶片从根部断裂后应能被机匣卡住，而不致甩出机匣外围，引起严重事故。

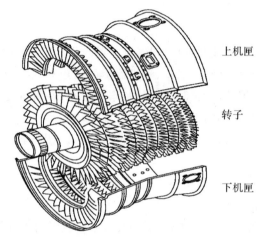

上机匣

转子

下机匣

图 4-15　典型发动机高压压气机前机匣(分半式)

2.静子叶片

静子叶片通常用钢或镍基合金制造，钛合金可用于低压区的静子叶片。静子叶片安装在机匣内，位于两级转子之间，所以静子叶片的安装方案与转子和机匣的方案有着密切的联系。

在铸造的分半机匣内，由于机匣壁较厚，静子叶片可用 T 形、燕尾形榫头直接固定在机匣内壁特制的环形槽内。这种方案结构简单，连接可靠，并且叶片可以拆装，但是要求机匣壁很厚，并且榫槽的加工也不方便。直接固定的方案结构简单，拆装方便。但是机匣加工复杂，连接处有各种形式的沟槽和孔洞，对机匣壁有所削弱。

静子叶片也可以用径向螺钉固定在压气机机匣中，或者固定到静子叶片保持环中，再将这些环本身固定到机匣上。

有的静子组件由多级静子环组成，静子环包括静子叶片和内、外环，静子叶片通常焊接到外环上，静子环之间通过螺栓连接(见图 4-16)，称为间接固定的方法，该方法结构简单、重量轻、成本低，但叶片无法更换。

总之，整流叶片与机匣的连接要保证可靠传力、定位和足够刚性。整流叶片与内环的连接要保证良好的定位、密封和热补偿。

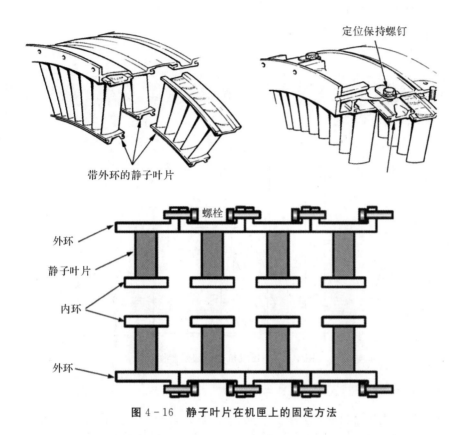

定位保持螺钉

带外环的静子叶片

螺栓

外环

静子叶片

内环

外环

图 4 - 16 静子叶片在机匣上的固定方法

4.2 轴流式压气机的工作原理

轴流式压气机的总增压比高、效率高、单位空气流量大。目前在燃气涡轮发动机上特别是在大、中推力的发动机上几乎普遍采用轴流式压气机。轴流式压气机的叶轮和整流器是交错排列的,一个叶轮和一个整流器组成一个单级的轴流式压气机,它是多级轴流式压气机的基本单元。由于每级的增压能力不大,故都采用多级组成。

4.2.1 基元级叶栅

1. 压气机级的特征截面

多级轴流式压气机,其每级的工作原理相同,空气在各级的流动情况相似。所以,单级是组成多级轴流式压气机的基本单元。

下述主要分析叶轮、整流器前后气流参数的变化。因此,将叶轮、整流器前后的截面叫做特征截面。在叶轮前、后和整流器后,选取与转子垂直的 3 个截面如图 4 - 17 所示,规定叶轮进口截面前为 1 截面,叶轮出口截面前为 2 截面,整流器出口截面前为 3 截面。

级的主要几何尺寸为:

D_t——级的外径,即机匣内径;

D_h——级的内径,即轮毂外径;

D_m——级的平均直径,即

$$D_m = (D_t + D_h)/2$$

δ——径向间隙;

Δ——轴向间隙。

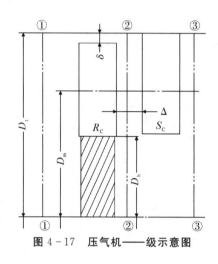

图 4-17　压气机——级示意图

2.压气机的环形通道

空气流过轴流式压气机时不断受到压缩,密度增加,因而从进口到出口,轴流式压气机的环形通道面积逐渐减小,叶片高度逐渐减小,叶片数目逐渐增加。轴流式压气机的气流通道有等外径、等内径和等中径三种结构形式,如图 4-18 所示。压气机环形通道中,若保持级的外径不变,则称为等外径通道;若保持级的内径不变,则称为等内径通道;若保持级的中径不变,则称为等中径通道。

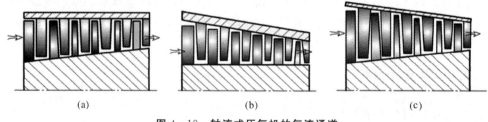

图 4-18　轴流式压气机的气流通道

(a)等外径;(b)等内径;(c)等中径

3.叶栅和基元级

压气机内空气的流动是在叶轮和整流器的叶片通道内进行的,因此,在流动过程中气流参数的变化主要由叶片通道的几何参数决定。实际表明,在每一级中,流线基本上都在一个圆柱面上,沿叶片高度不同半径处原理相仿,其中,尤以平均半径处的流动情况最具有代表性。为了弄清空气在级中的流动过程,用与轴同心的、半径分别为压气机平均半径 r 和 $r +$

dr 的两个圆柱面与级的叶片环相截,则得出某级的环形叶栅,如图 4-19 所示。

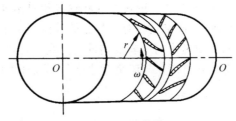

图 4-19 环形叶栅

为了研究方便,可将环形基元级展开成平面,在展成平面的级基元中包括两排平面叶栅,一排是工作叶栅,另一排是整流器叶栅,如图 4-20 所示。实践表明,用平面叶栅中的流动来近似地代替环形叶栅内的流动与实际情况是十分接近的。

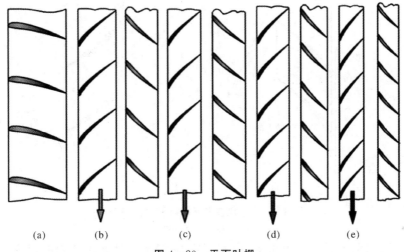

图 4-20 平面叶栅

(a)导流环;(b)第 1 级;(c)第 2 级;(d)第 2 级;(e)第 2 级

4.2.2 基元级的速度三角形

在压气机中,一般用 C 表示气流的绝对速度,W 表示气流的相对速度,u 表示叶轮的圆周速度即力学中的牵连速度。从力学中知道绝对速度、相对速度和牵连速度三者可以构成一个封闭的速度三角形,3 个速度向量之间的关系为

$$C=W+u \tag{4-1}$$

下述介绍空气在基元级内的流动情形。

1. 空气在动叶叶栅内的流动

空气相对于机匣以绝对速度 C_1 流向叶轮,由于叶轮在转动叶轮进口处的圆周速度为 u(u 与 C_1 的夹角为 α_1,其大小由进气导向器或前一级整流器的静叶出口方向所决定),则空气相对于叶轮进口处的相对速度 W_1 应为绝对速度 C_1 与牵连速度 u 的矢量差,它与叶轮旋转面所成的夹角为 β_1,如图 4-21 所示。

空气流入叶轮叶栅后由于工作叶片的叶型是弯曲的,所以空气的流动方向逐渐改变,最后顺着弯曲的叶片通道流出,空气相对于旋转着的叶轮以相对速度 W_2 流出叶栅,同时它又被叶轮带动以圆周速度 u 旋转,这样空气相对于静止的整流器的绝对速度 C_2 应该是 W_2 与 u 的矢量和,图 4 - 21 所示的相对速度与叶轮旋转面的夹角 β_2 称为相对气流出气角,它要大于相对气流进气角 β_1。叶轮叶栅出口处气流绝对速度与圆周速度的夹角为 α_2。

2. 空气在整流器叶栅内的流动

空气以绝对速度 C_2 流入整流器,然后顺着弯曲的通道向后流动。流出时的速度 C_3 大致等于叶轮进口气流绝对速度,它们的方向也大致相同,如图 4 - 21 所示。

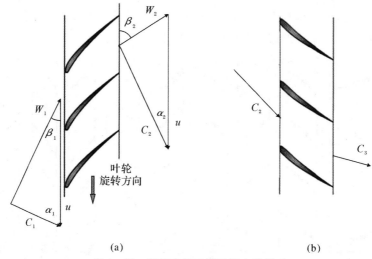

(a)　　　　　　　　　　　(b)

图 4 - 21　气流在基元级叶栅中的流动

(a)叶轮;(b)整流器

从空气流过叶轮叶栅的情形可知,由 C_1、W_1、u 组成了叶轮进口处的速度三角形,C_2、W_2、u 组成了叶轮出口处的速度三角形,为了研究方便常将进出口速度三角形叠加在一起,这就叫基元级速度三角形,如图 4 - 22 所示。基元级中气流速度的向量和都可以分解成轴向和切向两个方向的分速度并分别加以注脚 a 和 u 表示。

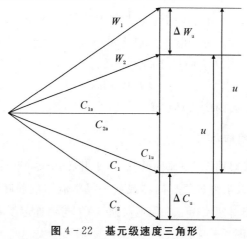

图 4 - 22　基元级速度三角形

构成速度三角形的因素很多,但是,决定速度三角形并对压气机工作有密切关系的主要参数如下。

(1)叶轮进口处空气绝对速度的轴向分速度 C_{1a}。这个速度与流入的空气量有关,根据连续方程,当压气机进口面积和进口空气状态一定时,C_{1a} 增大,空气流量增大,发动机的推力和功率也增大;若空气流量一定,则 C_{1a} 增大,压气机横截面积就可缩小,有利于减小整台发动机的迎风面积。所以 C_{1a} 的大小直接影响发动机的功率和迎风面积的大小。

(2)叶轮进口处空气绝对速度的切向分速度 C_{1u}。空气进入叶轮之前,在圆周 u 方向有分速度时,就说明它有了预先的旋转,预先的旋转的多少以它的切向分速度 C_{1u} 代表,因此,就叫预旋;反之,就称为反预旋。

对于高压压气机,通常在第 1 级叶轮之前,有一排不动的叶片,叫进口导向叶片,也叫导流环,如图 4-20 所示。空气流过导流环将产生预旋,用来防止压气机喘振。典型发动机的高压压气机进口导向叶片如图 4-23 所示。

有了 C_{1a} 和 C_{1u},就可以确定叶轮进口处空气的绝对速度 C_1。

(3)圆周速度(即轮缘速度)u。圆周速度直接影响做功量的大小,在叶轮前后空气的切向速度的变化量相同的情况下,u 越大,则对空气加入的轮缘功越多。

有了 C_1 和 u,就决定了空气的相对速度 W_1。从而可以确定进口的速度三角形。

(4)叶轮前后空气的相对速度(或绝对速度)在切向的变化量 ΔW_u(或 ΔC_u)。

这个标志气流在周向的扭转量,又叫做扭速。$\Delta W_u = \Delta C_u$。

由 W_1 和 ΔW_u 就决定了空气的相对速度 W_2,由 W_2 和 u 则可以确定 C_2,从而确定了出口的速度三角形。因此,有了这四个参数后,基元级的速度三角形便完全确定了。

图 4-23　压气机进口导向叶片

4.2.3　基元级的增压原理

轴流式压气机主要是利用扩散增压的原理来提高空气的压力。由于轴流式压气机各级的增压原理都相同,所以,为了便于研究,下面用气流在基元级中的流动情形来分析气流在其中扩散增压的过程。

根据气动知识得知,亚声速气流流过扩散型通道时,速度降低,压力升高。所以压气机整流叶片中的通道都做成扩散型的,即进口面积小于出口面积。

基元级由工作叶栅和整流器叶栅通道组成,叶栅通道均是扩张形的(见图4-24),基元级内气流参数变化的情况如图4-24所示。

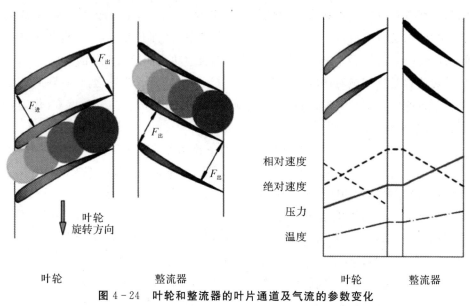

图4-24 叶轮和整流器的叶片通道及气流的参数变化

当叶轮以速度u转动时,以绝对速度C_1流向叶轮的气流是以相对速度W_1流入叶轮,经过叶轮叶栅通道以后,以相对速度W_2流出,由于通道面积是逐渐扩大的,其出口面积大于进口面积,所以,相对速度W_2小于W_1,而压力p_2则大于p_1,与此同时,空气的温度也相应升高,由于W_2小于W_1,相对运动的动能减小,减小的动能大部分转化为气流的压力升高即$p_2 > p_1$,小部分用于克服摩擦损失,这就是叶轮中压力提高的原理。

当空气流过工作叶栅通道时,叶片间的通道是扩张形的,则使气流的相对速度降低,相对运动动能转变为压力能和内能,使气流的压力和温度上升,由于叶片旋转对空气做功,使气流的绝对速度增大,还使气流的总压和总温都提高,如图4-25所示。

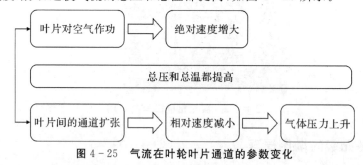

图4-25 气流在叶轮叶片通道的参数变化

当气流流过整流器叶栅通道后,叶片间的通道也是扩张形的,使气流的绝对速度降低,绝对运动动能转变为压力能和内能,使气流压力进一步提高,温度也继续上升,由于在整流器叶栅通道内是绝能流动,故总温保持不变,又由于流动过程中存在流动损失,故气流总压略有下降,如图4-26所示。

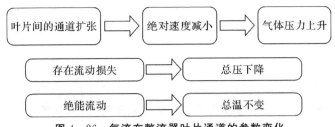

图 4 - 26　气流在整流器叶片通道的参数变化

由此可见,空气在流过基元级时,不仅在工作叶轮内受到压缩,而且在整流器内也受到压缩。在工作叶轮内,空气压力的提高是相对运动动能减小的结果;即在整流器内,是绝对运动动能减小的结果。但是,不论是工作叶轮还是整流器,空气增压都是高速旋转的叶片对空气做功的结果。这是因为,如果叶轮不转动,则叶轮进口气流相对速度就得不到提高,同样,如果叶轮不对空气做功,叶轮出口气流绝对速度也得不到提高。

4.2.4　多级轴流式压气机

多级轴流式压气机是由各单级组成的,所以多级轴流式压气机的任何一级,其工作原理是完全相同的。但是,由许多单级按一定的次序组成多级压气机后,由于各个级在流程中的位置不同,它们的几何尺寸和进口参数是各不相同的,因而形成了多级压气机中各个级的特殊性。

空气在压气机内的流动参数变化如图 4 - 27 所示。可以看出压气机出口气流速度稍低于压气机进口气流速度。

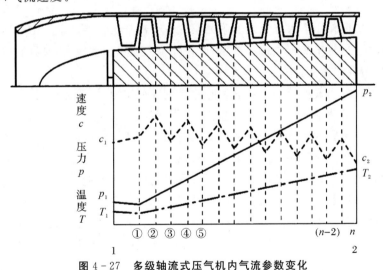

图 4 - 27　多级轴流式压气机内气流参数变化

1. 压气机增压比 π_c^*

轴流式压气机的增压比是压气机出口处的总压 p_2^* 与进口处的总压 p_1^* 之比,用 π_c^* 表示。级的增压比是各级出口处的总压与各级进口处的总压之比,因此,压气机的总增压比

等于各级的增压比的乘积,即

$$\pi_c^* = \frac{p_2^*}{p_1^*} \tag{4-2}$$

2. 压气机功和压气机功率

(1)理想绝热压缩功。不考虑流动损失和散热损失时,从压气机进口总压 p_1^* 到压气机出口总压 p_2^*,压气机对每千克空气理论上需要的机械功叫做压气机理想绝热压缩功。

(2)实际压气机功。从压气机进口总压 p_1^* 到压气机出口总压 p_2^*,压气机对每千克空气实际消耗的机械功叫做实际压气机功,用 L_u 表示。

(3)压气机功率。压气机在单位时间内,加给流过压气机的全部空气所做的机械功叫做压气机功率,用 N_c 表示,单位是瓦特或千瓦。

3. 压气机效率 η_c^*

压气机效率为理想绝热压缩功与实际压气机功之比,用来反映压气机内流动损失的大小。在设计状态下,轴流式压气机效率一般为 $0.8\sim0.91$,即

$$\eta_c^* = \frac{\text{理想绝热压缩功}}{\text{实际压气机功}} \tag{4-3}$$

4. 压气机内的流动损失

压气机内的流动损失有以下几种。

(1)在叶片表面附面层内气体的摩擦损失。由于气体的黏性,叶片表面总有附面层存在。

(2)在逆压梯度作用下可能出现的附面层气流分离损失。在叶盆上由于逆压梯度不大,所以附面层不太厚,带来的损失也不严重;而在叶背上逆压梯度较大,又有激波,使附面层加厚,甚至分离,造成严重的损失。

(3)尾迹损失。当气流分别由叶盆和叶背流到叶型尾缘时,两边的附面层就汇合而成为叶片的尾流;由于叶背附面层厚,而叶盆附面层薄,所以尾流是不对称的。

(4)尾迹和主流区的掺混损失。在尾流区中的总压比主流区的总压低得多,这是损失的主要部分;而尾迹和主流的掺混过程中也会有损失。

(5)激波损失。是在叶片的前缘或背部可能出现超声速而造成的。

(6)环壁附面层及其叶形附面层的相互作用引起的损失。

(7)径向间隙存在引起的损失。经过增压的气流会通过径向间隙轴向倒流至前方;叶盆的高压气流也会经过径向间隙潜流至叶背;倒流和潜流都会使叶栅的增压能力和效率下降。

5. 压气机叶片的扭转

叶轮对空气所作的功越多,空气获得的动能就越大。扭速 ΔW_u 与轮缘速度 u 一起决定了轮缘功的大小,则有

$$L_u = W_u \times u \tag{4-4}$$

沿半径方向,u 是线性增加的,而轮缘功一般是不变的(沿叶高等功设计)。这样,ΔW_u

就要沿半径方向减小,因此叶尖、中径及也根处的速度三角形都不一样,与其配合的叶形也就不一样,根部到尖部,叶型弯角逐渐减小(见图 4 - 28)。

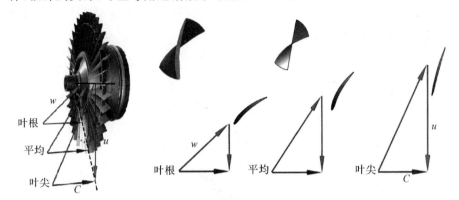

图 4 - 28 压气机叶片的扭转

6.压气机功、压气机功率、压气机效率与压气机转速的关系

(1)单级压气机功随转速的变化为

$$L_u = \Delta C_u \times u = \mu u^2 \tag{4 - 5}$$

式中:μ——扭速系数。

实验表明,当其他条件保持不变而转速变化时,流过单级压气机的空气流量(可用进口轴向速度 C_a 表示)大致与转速成正比变化,此时,叶轮进口速度三角形的大小虽然发生了变化,但是形状却仍然相似。因此,当转速改变时,可以认为扭速系数是个常数。又由于转速变化时,圆周速度与转速成正比,所以,单级压气机功与转速的平方成正比。

(2)单级压气机功率随转速的变化。压气机功率等于压气机功和空气流量的乘积,实验表明,压气机的空气流量大致与转速成正比变化,又由于压气机功与转速的平方成正比,所以,单级压气机功率与转速的三次方成正比。

(3)压气机效率随转速的变化。当转速变化时,压气机效率会发生变化。转速增大时,压气机效率先是逐渐提高,然后又逐渐降低。这是因为,压气机用大转速工作时,气流速度较大,摩擦损失较大,而且在叶片通道内可能出现局部激波,产生激波损失,所以压气机效率较低。在小转速工作时,则主要由于偏离设计状态较远,气流分离损失较大,压气机效率也较低。

4.2.5 压气机的喘振

1.攻角和流量系数

叶片进口气流的相对速度 W_1 和方向 β_1 不一定与叶片的几何进口角 β_{1k} 一致,它们的差值称为攻角 i(见图 4 - 29)。影响攻角的因素有转速和工作叶轮进口处的绝对速度(包括大小和方向)两种,则有

$$i = \beta_{1k} - \beta_1 \tag{4 - 6}$$

压气机的流量系数是工作叶轮进口处的绝对速度在发动机轴线上的分量和工作叶轮旋转的切向速度之比。

流量系数过小,导致正攻角过大,会使气流在叶背处分离;流量系数过大,导致负攻角过大,会使气流在叶盆处发生分离。

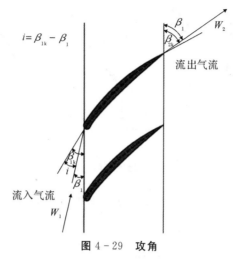

图 4 - 29　攻角

2.失速和堵塞

当压气机的转速一定时,如果由于某种原因使进入发动机的空气流量减少,导致工作叶轮进口处绝对速度在发动机轴线方向上的分量下降,使攻角上升,攻角过大到一定程度,气流在叶背处分离,这种现象叫失速(见图 4 - 30),这时候压气机效率明显下降,甚至有可能出现不稳定工作。

当压气机的转速一定,由于某种原因使工作叶轮进口处绝对速度在发动机轴线方向上的分量上升,使攻角下降,负攻角过大到一定程度,气流在叶盆处分离,使叶片通道变小,甚至出现喉道而发生堵塞(见图 4 - 30)。此时,气流撞击叶背,如果负攻角较大,气流就会从叶盆分离。不过,由于气流具有惯性,当流过弯曲叶片通道时,总有压向叶盆的趋势。因此,气流分离不容易扩大。但是,若流量系数过大,相对速度的方向就会变得过平,负攻角过大,进气的实际面积可能使通道变成收敛型,气体不但没有受到压缩,反而膨胀了(即涡轮状态)。气流速度增大,如果气流在通道中膨胀加速得很厉害,在最小通道处的气流速度就可能扩大到声速,这时,通过叶栅的流量是不可能用增大气流速度的办法来达到,这种工作状态就称为堵塞状态。出现这种情况,会使效率下降,并限制通过压气机的流量,影响与其他压气机基元级的协调工作。

3.旋转失速

实践证明,一个级出现失速,并不是沿整个环面同时发生,而是在部分叶片中一定部位上首先发生。这种失速区不是固定在一定的叶片上,在地面上到失速区是以较低的转速(即低于压气机的转速)与压气机的转轴作同方向的旋转运动,所以称为旋转失速。

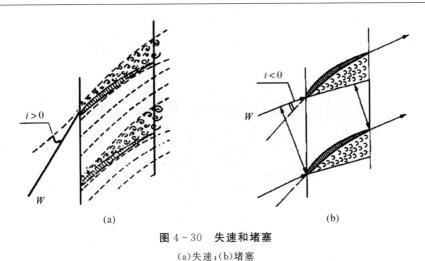

图 4-30 失速和堵塞

(a)失速;(b)堵塞

4.喘 振

喘振是气流沿压气机轴线方向发生的低频率、高振幅的振荡现象。这种低频率、高振幅的气流振荡是一种很大的激振力来源,它会导致发动机机件的强烈机械振动和热端超温,并可能在很短的时间内造成机件的严重损坏,所以在任何状态下都不允许压气机进入喘振区工作。

喘振时的现象是:发动机的声音由尖哨转变为低沉;发动机的振动加大;压气机出口总压和流量大幅度波动;转速不稳定,推力突然下降并且有大幅度的波动;发动机的排气温度升高,造成超温;严重时会发生放炮,气流中断而发生熄火停车。因此,一旦发生上述现象必须立即采取措施,使压气机退出喘振工作状态。

喘振的根本原因是气流攻角过大,在叶背处发生分离,而且这种气流分离扩展到整个叶栅通道。此时,压气机叶栅完全失去扩压能力,不能克服后面较强的反压,将气流推向后方,于是流量急剧下降。不仅如此,由于动叶叶栅失去扩压能力,后面的高压气体还可能通过分离的叶栅通道倒流至压气机的前方。这样,压气机后面的反压降得很低,整个压气机流路在这一瞬间变得"通畅",而且由于压气机仍保持原来的转速,大量的气流被重新吸入压气机,压气机恢复"正常"流动和工作。然而,发生喘振的流动条件并没有改变,因此,气流就又分离,分离区再扩展至整个叶栅通道,叶栅再次失去扩压能力,压气机后面的高压气体再次向前倒流或瞬时中断,如此周而复始地进行下去,形成喘振。喘振的物理过程可用图 4-31 来表示。

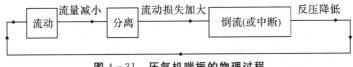

图 4-31 压气机喘振的物理过程

如果压气机的工作状态偏离设计状态过多,就会发生气流分离和空气动力诱导的振动。转子叶片可能因为空气流相对叶片的迎角太大或者太小而出现失速。前者是压气机前面级在低转速下发生的问题,而后者通常是高转速下压气机后面级容易出现的问题,每一种都可以导致叶片振动。如果失速的叶片过多,则会引起气流通道堵塞,使发动机出现喘振。压气机的设计要留有足够的喘振裕度(见图 4 - 32),即压气机工作线与喘振边界线之间留有一定的距离,以避免进入喘振区。

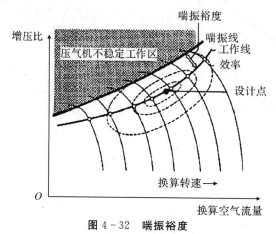

图 4 - 32 喘振裕度

压气机喘振的探测目前主要是依据压气机出口压力的下降率或转子的减速率来判断。压气机因各种原因发生喘振时,也会造成压气机叶片的损伤。如果不能及时发现这些损伤,会造成发动机空中停车,危及飞行安全。

为避免压气机喘振,在维修工作中应注意经常按规定进行检查,如防喘机构的工作状况,作动机构的校装。操作油门杆动作不要过急过猛,一旦发生喘振,应收油门从喘振中退出。发动机试车前应检查进气道以及停机坪周围清洁,避免发动机工作时吸入外来物。航前、航后和定检工作完成后,清点好工具等物品,严禁遗留在进气道和发动机舱内。进行发动机内窥孔探检查和发动机附件拆装时防止有异物进入发动机内部,在发动机运转时打伤发动机。

4.2.6 多级轴流式压气机发生喘振的原因

1. 发动机转速减小而偏离设计值

多级轴流式压气机转速变小时,会使压气机前后各级圆周速度 u 成比例减小,而引起气流轴向速度的变化却不同。这是由于一方面气流量要随压气机转速减小而减小,使轴向速度都减小,另一方面各级出口气流的轴向速度不可能保持为一个值,而要逐级增大的。因为压气机转速下降时,各级增压比也随之下降。压气机第一级的增压比下降,使第一级出口(第二级进口)空气压力降低,使空气密度 ρ 也随之减小,使第二级出口的空气密度进一步减小。也就是说,第二级出口空气密度比第一级出口的空气密度减小得快。依此类推,当压气机增压比降低时,由于各级间的相互影响,越往后,空气密度减小越多。

由于压气机工作时,通过压气机前后各级的空气流量相等,而各级的流道横截面积不变,根据流量连续方程可知,当转速下降时,空气密度将随增压比的下降而逐渐加快下降,为了保持流量连续,气流轴向速度必然随各级增压比的降低而逐级增大,如图 4-33 所示。

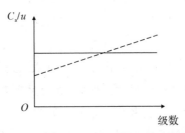

图 4-33 压气机增压比减小时气流轴向速度逐级增大的情形

根据上述分析可以看出，随压气机转速下降，气流轴向速度 C_a 不能与圆周速度 u 成比例变化。在压气机前几级，轴向速度比圆周速度下降得要快，即流量系数变小，使叶轮进口处气流相对速度 W_1 的方向变陡。由于轴向速度要逐级增大，到中间某一级时，轴向速度与圆周速度下降的程度相同，使流量系数正好等于设计值，相对速度 W_1 的方向保持不变，到后面几级，轴向速度继续增大，于是流量系数大于设计值，使相对速度 W_1 的方向变平。因此，当发动机转速下降到偏离设计值过多时，压气机前几级因相对速度方向变得过陡而进入喘振状态，后几级则因相对速度变得过平而进入"涡轮"状态，这就是通常所说的"前喘后涡"，如图 4-34 所示。

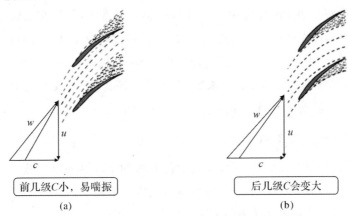

图 4-34 转速小于设计值时，前喘后涡

(a)前级；(b)后级

当转速增大到偏离设计值过多时，流量系数的变化会与上述的相反，不过，这时的喘振是由后面级诱发的。但是，这种情况一般只在转速上升时才出现，而发动机工作和使用过程中遇到的喘振，经常是由于转速下降且偏离设计值过多而引起的。

压气机的设计增压比越高，压气机各级间的相互影响就越大，当转速下降偏离设计值时，容易发生喘振；反之，设计增压比低的，当转速下降时，不容易发生喘振。所以，对于设计增压比高于 6 以上的压气机，都设有专门的防喘装置。

2. 压气机进口空气总温升高

在压气机转速一定时，随着大气温度升高、飞行高度下降或者飞行马赫数增大，三者对压气机工作的影响相同,都会使压气机进口空气温度升高,使压气机出现"前喘后涡"的状态。但在具体的形成过程中,情况又有区别,必须注意其特点,简要地分析如下。

(1)当大气温度升高时,压气机进口空气温度升高,空气受热而不易压缩,使 $\Delta\pi_c^*$ 降低,空气流量减少,气流轴向速度也随之减小,由于 u 为常数,故进口流量系数变小。而后面级由于 $\Delta\pi_c^*$ 降低,各级流量系数会逐级增大。所以,如果发生喘振就是"前喘后涡"引起的。

(2)当飞行高度下降时,大气压力和大气温度(在 11 km 以下)都升高。大气压力的升高,使空气的密度增大;大气温度升高,又使空气密度减小。由于前者影响大于后者,所以,发动机进口空气密度增大,使涡轮导向器处燃气密度增大,而大气温度的升高使 $\Delta\pi_c^*$ 降低,又会使涡轮导向器处燃气密度减小。这样,涡轮导向器处燃气密度增大的程度,要比压气机进口密度增大的程度小,由于发动机内不能任意控制空气流量,流过压气机的空气流量主要决定于涡轮导向器能够通过多少气体。为了保持流量连续,压气机进口空气的轴向速度要减小。由于 u 为常数,进口流量系数也就减小。后面级因为 $\Delta\pi_c^*$ 降低,各级流量系数逐级增大。所以,如发生喘振,也是"前喘后涡"引起的。

(3)当飞行马赫数增大时,由于速度冲压的结果,使压气机进口总压 P_1^* 增大,总温 T_1^* 增高。P_1^* 和 T_1^* 升高对涡轮导向器处燃气密度的影响程度相反。由于飞行马赫数增大时,速度冲压使密度增大的程度比 T_1^* 升高的影响程度大,所以在涡轮导向器处的燃气的密度还是增大的,即发动机的空气流量是增加大。但是,由于 T_1^* 升高的影响,涡轮导向器处燃气密度的增大程度小些,为了保持流量连续,压气机进口气流的轴向速度要减小,因 u 为常数,故进口流量系数也减小。后面级,由于 T_1^* 升高,$\Delta\pi_c^*$ 减小,也使各级流量系数增大,如发生喘振,仍是"前喘后涡"引起的。

3.发动机空气流量突然减少

发动机空气流量突然减少,同样使压气机前几级的空气轴向速度减小,流量系数减小,相对速度方向变陡而进入喘振状态,导致整台压气机发生喘振。

造成发动机空气流量突然减少的情况主要有以下几种。

(1)发动机加速时,如果推油门速度过快过猛,供油量将增加得过多、过快,涡轮前燃烧气温度突然升高,燃气比容增大,不容易从涡轮导向器流过。因此,造成发动机空气流量减小,从而引起喘振。

(2)着陆滑跑速度减至小速度时仍使用反推,反推装置朝前喷出的高温气会被发动机吸入,使发动机空气流量减少,这样就容易引起喘振。

(3)拉杆过猛时,发动机进口与气流之间的夹角突然改变过大,使进气道有效面积减小。同时在进口产生大量涡流,堵塞了空气,造成气流难以顺利地进入进气道,使空气流量骤然减小,可能引起喘振。

(4)其他情况:进气道结冰等会使进气道有效面积减小,压气机进口流场紊乱;飞行中进入前面飞机的尾流区,吸进高温废气,使空气流量减小。这些都是造成压气机喘振的原因。

4.发动机损伤和翻修质量差

随着发动机使用时间的增加,由于沙石打伤、腐蚀、脏污或翻修质量差,都会使气流通道表面粗糙、变形,流动阻力增大,使进入压气机的气流提早分离。因此,更容易发生喘振。

4.2.7 压气机的防喘原理

轴流式压气机的结构是根据设计点的气动参数进行设计的,当工作状态偏离设计点时,各级的速度三角形也和设计点不同,也就是非设计点的参数与压气机的几何形状不协调,从而造成了攻角过大或过小,于是就产生了喘振或堵塞。所以,防止喘振所采取措施的实质,是如何使多级压气机在非设计状态下,都能保持与压气机几何形状相应的速度三角形,也就是攻角不要过大或过小,如图 4-35 所示。

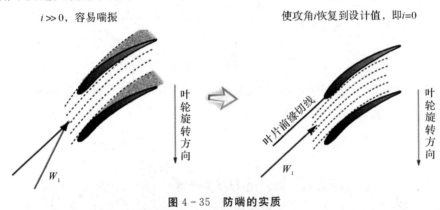

图 4-35　防喘的实质

从速度三角形的图中可以看出,使气流攻角 i(即相对速度 W_1 方向)的改变,有 C_{1a},C_{1u} 和 u 3 种速度。因此防止喘振的方法,可以通过改变这 3 种速度来入手,以改变攻角。具体地说,可通过改变进入压气机的空气量,改变 C_{1a};通过改变预旋量的大小,改变 C_{1u};通过改变转速,改变圆周速度 u,以保持与压气机几何形状相适应的速度三角形,如图 4-36 所示。

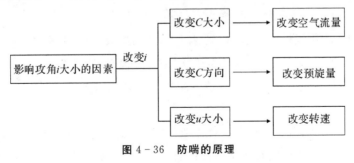

图 4-36　防喘的原理

目前,燃气涡轮发动机防止喘振的措施,除从气动设计的改善着手外,主要是增设可调机构来改变上述 3 种速度。与之相对应的防喘措施有压气机中间级放气、可调静子叶片以及双转子或多转子 3 种。

1. 压气机中间级放气

改变 C 大小,如图 4-37 所示,可通过改变气流流量即改变工作叶轮进口处绝对速度轴向分量 C_{1a} 的大小,以改变其相对速度的大小和方向来改变攻角,进行防喘。

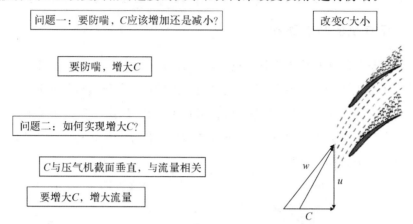

图 4-37　改变 C 大小的防喘

压气机中间级放气是通过放气活门或放气带实现的(见图 4-38),其防喘原理是:改变气流流量,改变 C 大小,来改变攻角。

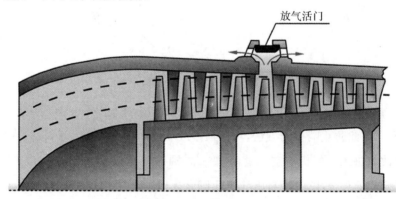

图 4-38　放气活门

对于多级轴流式压气机,当发动机转速下降到偏离设计值过多时,压气机前几级因 C 小,容易进入喘振状态,后几级 C 会变大进入"涡轮"状态,这就是通常所说的"前喘后涡"(见图 4-34)。压气机前几级需要通过放气来增大 C,因此,放气活门一般位于压气机中部的位置。

当打开放气系统时,由于减少了空气流路的阻力,所以位于放气系统之间的压气机级的空气流量就增加了。因而前面级的轴向速度就增大,气流攻角减小,从而避免了发生喘振而保持稳定工作。放气系统后面的各级空气流量却由于放气而减少,于是气流攻角增加,使其脱离堵塞状态,因此,放气的结果是使前后各级都朝着有利的工作状态变化,使工作协调,保证了发动机安全可靠的工作(见图 4-39)。但中间级放气会使压气机的增压比下降,减少功率输出。

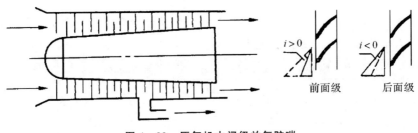

图 4-39 压气机中间级放气防喘

2. 可调静子叶片

改变 C 方向,如图 4-40 所示,可通过改变静子叶片的安装角即改变工作叶轮进口处绝对速度的切向分量 C_{1u},即预旋量的大小,以改变其相对速度的方向来改变攻角,进行防喘。

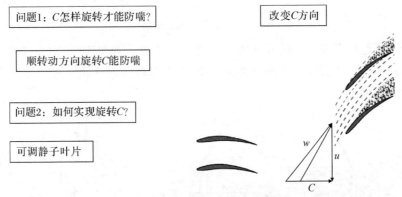

图 4-40 改变 C 方向的防喘

可调静子叶片是通过静子叶片角度做成可调节的形式来实现的(见图 4-41),其防喘原理是:改变静子叶片的安装角,以改变 C 方向,来改变攻角。可调静子叶片上部带有圆柱轴颈,安装在机匣的轴孔内,叶片可绕轴颈自由转动。在每个叶片轴颈伸出机匣的顶端固定一个摇臂,摇臂另一端与操纵环连接,操纵环由作动筒来操纵。

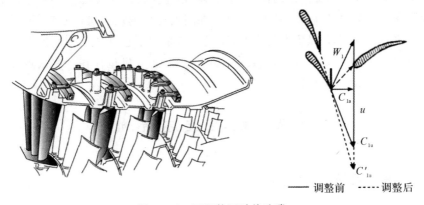

图 4-41 可调静子叶片防喘

3. 双转子或多转子

改变 u 大小,如图 4-42 所示,可通过改变转速,从而改变圆周速度 u 的大小,以改变其相对速度的大小和方向来改变攻角,进行防喘。

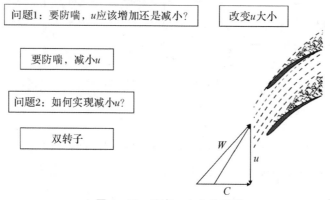

图 4-42　改变 u 大小的防喘

双转子是通过把多级压气机分成两个转速不同的转子实现的(见图 4-43),其防喘原理是:改变转子转速,从而改变圆周速度 u 大小,来改变攻角。双转子能自适应调节两个转子的转速差来防喘。

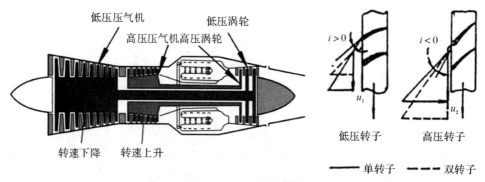

图 4-43　双转子防喘

由于双转子压气机具有一系列优点,如不容易发生喘振,可以在宽广的范围内工作同时仍可保持较高的效率,容易启动,等等。所以,在高增压比的压气机中双转子结构得到了广泛采用。目前,在现代涡轮风扇发动机上,还成功地采用了包括风扇在内的三转子压气机,使效率更高,防喘性能更好。但是,双转子(或三转子)压气机也存在一些缺点,那就是压气机构造比较复杂,而且重量也比较大。

4.3　离心式压气机

4.3.1　离心式压气机概述

离心式压气机和轴流式压气机有许多共性,除了基本方程之外,失速和喘振等问题也同样是存在的,发生的机理也类同。不同之处在于气流在压气机中流动的流路和它的加功原理。

离心式压气机的优点突出,如结构简单、性能稳定、安全可靠、成本低、维护方便、单级增压比较大(可达 10 以上),但是它的效率比较低,迎风面积比较大。

离心式压气机主要用于小型涡轴、涡桨发动机和大型飞机的辅助动力装置(见图 4 - 44),例如,各种直升机,支线客机,初、中级教练机上的动力装置。在小型动力装置上使用它,可以充分发挥其优点,并能促使它原来一些缺点的转化,如效率问题,就不比小型轴流式压气机差。采用离心式压气机后,轴向尺寸可以缩短,加上回流式燃烧室配合,使得发动机转子支点强度大大减小。

离心压气机　　　负载压气机
图 4 - 44　辅助动力装置

当压气机增压比需要进一步提高时,可以采用双级离心压气机,如图 4 - 45 所示。如果离心式与轴流式配合使用,采用混合压气机(见图 4 - 46),即在离心压气机的基础上面增加轴流级的级数来增大空气流量和增压比,以提高功率,扩大使用范围和降低油耗,改善经济性。这种组合方案综合了轴流级的灵活性和离心级的简易性。

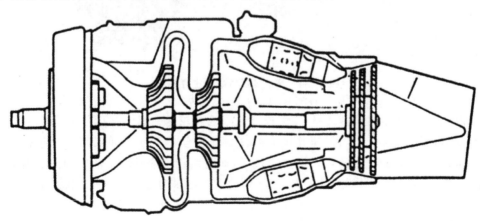

图 4 - 45　两级离心式压气机

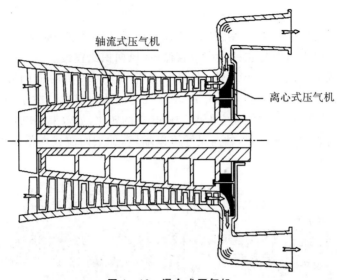

图 4 - 46　混合式压气机

4.3.2　离心式压气机的组成和工作原理

离心式压气机又称径向外流压气机,主要由进气系统、叶轮、扩压器和集气管等部分组成,如图 4 - 47 所示。

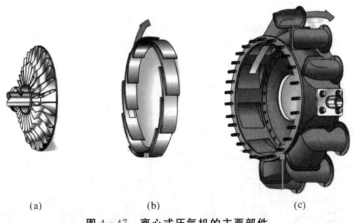

　　(a)　　　　　　　　　(b)　　　　　　　　　(c)

图 4 - 47　离心式压气机的主要部件

(a)叶轮;(b)扩压器;(c)集气管

工作叶轮由涡轮驱动高速旋转,空气连续地吸入叶轮的中心。离心力的作用使空气径向向外流向叶轮尖部,使空气加速并压力升高。叶轮分单面叶轮和双面叶轮两种(见图 4 - 48),双面叶轮从两面进气,可以增大进气量,而且对于平衡轴承上的轴向力也有好处。在叶轮的前面一部分叫导风轮,叶片向着旋转方向前弯,以迎合来流的相对速度,一般是与工作轮分别制造的,但也有与工作轮叶片制成一体。工作轮叶片之间呈径向辐射状的通道,气流通过工作轮,增加压力和速度。

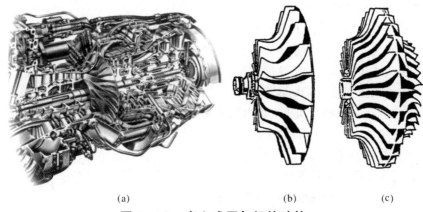

(a)　　　　　　　　　(b)　　　　　(c)

图 4 - 48　离心式压气机的叶轮

(a)离心式压气机叶轮;(b)单面叶轮;(c)双面叶轮

气流从工作叶轮流出后进入扩压器。扩压器(见图 4 - 49)位于叶轮的出口处,是一个环形室,装有一定数量的整流叶片,相邻叶片间的通道是扩张型的,空气流过时,将大部分动能转化成压力能,速度下降,压力和温度上升。从扩压器出来的气流,流过集气管。集气管的主要功用是使气流变为轴向,将空气引入燃烧室。

 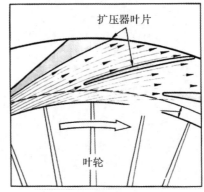

图 4 - 49　离心式压气机的扩压器

思　考　题

1.压气机分为哪几类?

2.说明离心式压气机的组成。

3.离心式压气机双面叶轮有哪些优点?

4.说明离心式压气机增压原理。

5. 离心式压气机的优缺点有哪些？

6. 轴流式压气机的优缺点有哪些？

7. 为什么轴流式压气机都是多级的？

8. 决定轴流式压气机基元级速度三角形的因素有哪些？

9. 多级轴流式压气机的流程形式如何？

10. 说明空气在多级轴流式压气机内的流动。

11. 压气机中的流动损失有哪些？

12. 压气机效率怎样定义？

13. 什么是压气机的流量系数？

14. 喘振的形成及喘振的根本原因是什么？

15. 喘振时的现象有哪些？

16. 压气机喘振发生的原因有哪些？

17. 涡喷发动机防止喘振在设计上采取的措施有哪些？

18. 说明压气机中间级放气防喘原理。

19. 说明压气机可调导向叶片和整流叶片防喘原理。

20. 说明压气机双转子或三转子防喘原理。

第5章 燃 烧 室

1.掌握燃烧室的部件位置及作用,掌握油气比和余气系数的概念,理解对燃烧室的基本要求,掌握燃烧室的工作特点。

2.掌握燃烧室的基本结构及其作用,掌握3种类型的燃烧室的特点及其优缺点。

3.掌握保证燃烧室稳定燃烧的条件,学会分析影响稳定燃烧的因素。

4.掌握燃烧室的常见故障类型,理解每种故障的预防措施。

5.1 燃烧室概述

燃烧室位于压气机和涡轮之间(见图5-1),是燃气涡轮发动机的主要部件。燃烧室的作用是将燃油喷嘴喷出的燃油和来自压气机的空气混合并进行燃烧,高温高压的燃气流过涡轮和喷管,对涡轮做功并使燃气加速,从而使涡轮带动压气机高速转动,并使发动机产生推力。

为了满足能在较短的工作时间内增大推力的要求,有些发动机在涡轮和尾喷管之间设有加力燃烧室(见图5-1),向其喷射燃油,利用涡轮后燃气中剩余的氧气,进行再燃烧,提高涡轮后燃气的内能,增大燃气尾喷管喷出的速度,从而增大推力。

燃烧室　　　　　加力燃烧室
图5-1　燃烧室和加力燃烧室

5.1.1 对燃烧室的基本要求

燃烧室工作的效率,直接影响发动机的性能,燃烧室的主要功用是混合气的燃烧,为了更有效地完成此任务,燃烧室必须符合以下的基本要求。

1.点火可靠

点火可靠是指在规定的点火工作范围内,发动机在地面启动时能迅速点燃,在空中熄火后能可靠地再次点燃。影响点火可靠性的主要因素是燃油和空气的比例,而说明燃油和空气比例的参数有油气比、余气系数等。

(1)油气比 f。油气比是进入燃烧室的燃油质量流量与进入燃烧室的空气质量流量的比值,表示相对燃油消耗量,它是指燃油和空气组成的混合气中二者的质量之比。

(2)余气系数 α。这是从另外一个角度表示混合气中燃油和空气比例的参数,它是指进入燃烧室的空气流量与进入燃烧室的燃油流量完全燃烧所需要的理论空气量之比。

对于航空煤油,理论空气量为 14.7 kg 空气/kg 燃油。

余气系数可表示混合气贫油和富油的程度。$\alpha>1$ 时为贫油;$\alpha<1$ 时为富油。航空发动机的余气系数一般为 3.5~4.5。在燃烧室的燃烧区和点火区,余气系数总是略小于1,因为这时对燃烧最有利。

点火可靠是燃烧室能正常工作最基本的保证。一般来说,飞机在地面时,由于压力和温度都较高,进气速度不大,点火启动并不困难。困难的是,在高空熄火后,压力和温度都很低,而且发动机处于“风车”状态(此时飞机靠惯性仍在飞行,气流进入发动机内吹动压气机旋转),压气机出口气流速度也较高,点火处于很不利的条件,这时只能采取降低飞行高度达到点火启动的目的。发动机再点火的能力依据飞机的飞行高度和飞行速度而变化,再点火包线展示出发动机得到满意的再点火情况的飞行条件,如图 5 - 2 所示。

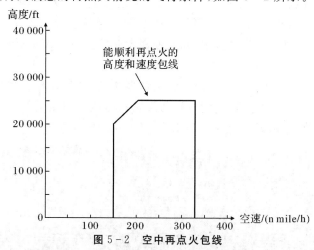

图 5 - 2　空中再点火包线

2.燃烧要稳定

这要求燃烧室的混合气被点燃后,在发动机的所有工作状态下,燃烧室都能稳定燃烧,不会熄火,特别是在飞机作机动飞行和改变发动机工作状态时,燃烧室不熄火。

稳定燃烧的条件是:燃烧时的气流速度等于火焰的传播速度。燃烧稳定性通常是用在一定的进气条件下,可用能维持稳定燃烧的贫油、富油极限之间的余气系数范围来表示,稳定燃烧范围越宽,表示燃烧稳定性越好。

3.燃烧完全

燃油燃烧时,绝大部分的燃油通过燃烧将化学能转变为热能,但也有一部分来不及燃烧就随着燃气流出燃烧室。为了衡量燃烧完全的程度,常用燃烧效率来表示。

燃烧效率是 1 kg 燃油燃烧后工质实际吸收的热量与 1kg 燃油燃烧理论上释放出的热量之比。燃烧室中燃料燃烧得越完全,放出热量就越大,在保证发动机推力一定时,燃料消耗就越小,经济性也越好。

4.燃烧室出口温度场应符合要求

考虑到高速旋转的涡轮叶片承受应力很大,再加上高温气流的冲击,工作条件十分恶劣。于是要求燃烧室出口气流温度场符合涡轮叶片高温强度的要求,不要有局部过热点,以保证涡轮的正常工作和寿命。因此要求:

(1)火焰除点火过程的短暂时间外,不得伸出燃烧室。

(2)在燃烧室出口环形通道上,温度分布尽可能均匀,在整个出口环腔内最高温度与平均温度之差不得超过 100~120℃。

(3)沿叶高(径向上)在靠近涡轮叶片叶尖和叶根处的温度应低一些,而在距叶尖大约 1/3 处温度最高,如图 5-3 所示。

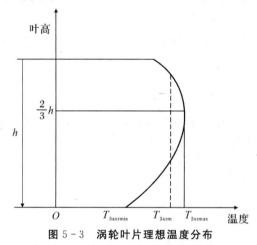

图 5-3　涡轮叶片理想温度分布

涡轮叶片的叶根、叶尖两头温度低些,这是因为叶根承受的应力最大,温度过高将严重影响它们的强度;叶尖厚度最薄,散热条件差,很容易被烧坏。

5.总压损失小

气流流经燃烧室会产生压力损失。它主要包括摩擦损失、扩压损失、穿过火烟筒的众多大小孔产生的进气损失、掺混损失以及燃烧加热引起的热阻,等等。这些损失是不可避免的,但是希望它小一些。因为压力的任何损失都会降低燃气在涡轮和喷管内的膨胀做功能力,从而使得发动机的推力及经济性下降。

燃烧室的总压恢复系数是:燃烧室出口处的总压与燃烧室进口处的总压之比,对于燃气涡轮喷气发动机,燃烧室的总压恢复系数一般在 0.92~0.96 范围内。

6. 尺寸小,重量轻

燃烧室短一些,将缩短发动机总长,而且也使涡轮至压气机的转动轴变短,从而可以减轻机匣和转子的重量,提高推重比。通常燃烧室的外径是发动机的最大直径。若减小燃烧室径向尺寸,可缩小发动机径向尺寸,减小飞机发动机的迎风面积,如图 5-4 所示。

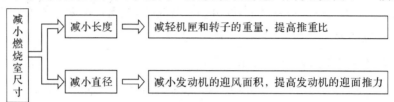

图 5-4　减小燃烧室的尺寸

衡量燃烧室容积的利用程度,往往用容热强度这个参数,其定义为:在单位压力和单位燃烧室容积中,1 h 内进入燃烧室的燃油燃烧实际所释放出的热量。容热强度大,表示燃烧室的尺寸小;容热强度小,表示燃烧室的尺寸大。

7. 寿命长

在航空发动机的部件中,燃烧室在高温情况下工作,条件十分恶劣,往往需要经常检修或更换零件,因此合理地组织燃烧和冷却,改善它的工作条件,或者采用高性能的耐热材料等,以提高燃烧室的寿命。燃油喷嘴的维护对燃烧室使用寿命的长短是至为关键的。

8. 燃烧产物对大气的污染要小

目前有 4 种主要污染物是受民用航空法规控制的。它们是未燃烧的碳氢化合物(未燃烧的燃油)、烟(碳粒子)、一氧化碳和氮的氧化物 NOx。航空发动机的排气是大气污染源之一,应尽量减少有害成分的排放。

5.1.2　燃烧室的工作特点

1. 燃烧室工作的基本情形

发动机工作时,被压气机压缩后的空气进入燃烧室,一边向后流动,一边与燃油喷嘴喷出的燃油混合,组成混合气。燃烧室工作原理的简图如图 5-5 所示。

当发动机启动时,混合气被火花塞点燃,启动后火花塞不再跳火花,新鲜混合气靠燃气的火焰引燃而燃烧,混合气燃烧后,温度升高,高温、高压的燃气流入涡轮和喷管,膨胀并做功。

气体流入燃烧室后,在头部扩散型通道内,速度下降,压力、温度升高。在燃烧区内,混合气进行燃烧,使气体的温度迅速上升到约 2 200K 左右。由于气体受热膨胀,气体的速度又逐渐增大。在冷却区内,虽然还有一部分燃料在补充燃烧,但是,由于大量的第二股冷却空气的渗入,气体的温度逐渐降低到 1 150～1 700K,因为燃烧室横截面积不断减小,气体的速度继续增加,压力、温度也相应地不断下降。

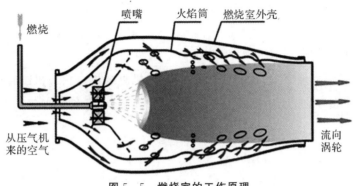

图 5-5　燃烧室的工作原理

2.燃烧室的工作特点

(1)燃料是在高速气流中进行燃烧的。高速飞机要求发动机推力大,飞行阻力小,这就必须增大空气流量和减小燃烧室的横截面积,从而使燃烧室进口气流速度达到很大的数值,甚至高达100 m/s以上。燃烧室扩散段出口气流的平均速度为40 m/s左右,而自然界十二级台风的速度为 30 m/s,由此可见,混合气在燃烧室内的燃烧是在高速气流中进行的。

(2)燃烧室出口燃气温度要受到涡轮叶片材料强度的限制。由于涡轮是在高温燃气推动下高速旋转的,涡轮叶片不仅承受着极大的离心力,而且在高温条件下工作。金属材料的强度随着温度的升高而降低,为了保证涡轮安全可靠地工作,就必须把燃烧室出口燃气温度限制在一定范围内,目前,一般限制在 1 150～1 700K,温度不能过高,否则就会损坏涡轮叶片或缩短涡轮的寿命。所以,燃烧室出口燃气温度要受到涡轮叶片强度的限制。

5.2　燃烧室的基本结构和类型

5.2.1　燃烧室的基本结构

下述以典型的单管燃烧室介绍燃烧室的基本结构,如图 5-6 所示。它由机匣、扩压器、火焰筒、燃油喷嘴、点火装置等组件组成。在单管燃烧室中,联焰管传播火焰,点燃没有点火装置的火焰筒内的燃油,并起着均衡压力的作用。

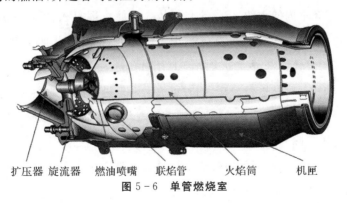

图 5-6　单管燃烧室

1. 机匣

燃烧室机匣用来构成二股气流的通道。

在环管形和环形燃烧室中,燃烧室机匣由内、外机匣组成,内、外机匣直径很大,厚度很薄,又都需要承受负荷,是发动机的主要承力构件,因此内、外机匣必须具有足够的强度和刚度。

2. 扩压器

壳体和火焰筒头部之间构成扩散通道,用来降低流速,提高压力,保证燃烧顺利进行和减少压力损失。

扩压器构造合理对改善燃烧条件、改善燃烧室性能、减小燃烧室尺寸和减轻重量具有重要意义。此外,在目前环形燃烧室中,还广泛采用将燃烧室进口扩压段并入压气机出口扩压段内的措施,以缩短燃烧室的长度。

3. 火焰筒

火焰筒是燃烧室的主要组件,由旋流器和火焰筒筒体等部分组成。旋流器的中央安装有燃油喷嘴,气流经过旋流器叶片后,围绕着旋流器轴线产生强烈的切向旋转气流,在燃油喷嘴前方不远处产生回流区,保证火焰稳定。火焰筒筒体是一个在侧壁面上开有多排直径大小不同、形状各异的孔及缝的薄壁金属结构,燃烧在其内部进行,保证燃烧充分、掺混均匀并使壁面得到冷却。

当前,火焰筒采用现有的最好的耐热材料、耐高温涂层。为了改善筒体受热不均匀的情况,在筒壁上孔稀少且孔径大的部位或在大孔之间开若干小孔。筒壁的冷却以气膜冷却为主,空气冷却火焰筒的内壁作为它与火焰的隔离层,这样可以使燃烧室主燃烧区承受很高的燃气温度。

燃烧生成的燃气温度高达 $1\,800\sim2\,000℃$,由于温度太高,若直接流入涡轮会烧坏涡轮叶片。因此,进入燃烧室内的大约 25% 的空气从火焰筒头部流入,流经旋流器与燃油混合后在燃烧区被点燃,其他大约 75% 的空气用于与燃气混合冷却,从而降低进入涡轮的燃气的温度。用于冷却的气体一部分通过火焰筒上径向孔进入稀释区,其余的则通过火焰筒壁面的切向孔进入火焰筒,对其进行冷却,同时可大大降低进入涡轮的燃气温度。由切向孔流入火焰筒的空气沿火焰筒壁内表面流动,从而在燃气与火焰筒之间形成一层隔热空气膜,将火焰筒壁面与高温燃气隔开,这种冷却方式被称为气膜冷却(见图 5-7)。采用该冷却方式的火焰筒结构简单、重量轻,消耗的空气少。目前的气膜冷却技术可使冷却壁面所需的空气流量比对流冷却方式所需的量减少多达 50%。

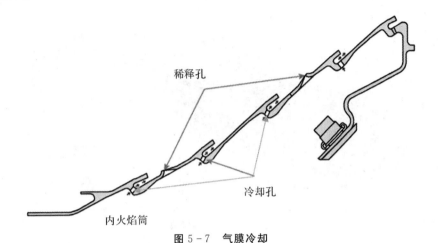

图 5-7　气膜冷却

4. 燃油喷嘴

燃油喷嘴可分为雾化型和气化型。燃油喷嘴的基本功能是使燃油雾化或气化,以保证燃油快速燃烧。燃油喷嘴还具有空气喷雾功能,可用高速的空气代替高速的燃油进行雾化,它可以在较低的燃油流量下使燃油雾化。

雾化型喷嘴已发展成 5 个不同的类型,即单油路喷嘴、可调进口喷嘴、双油路喷嘴、溢流式喷嘴和空气雾化式喷嘴。雾化是燃油被破碎成极细的油珠的过程,油珠越细,蒸发越快,如图 5-8 所示。图 5-8(a)表示在低燃油压力下形成的称为油泡的连续油膜;图 5-8(b)表示在中等压力下薄膜在边缘处破裂形成喇叭口的形状;图 5-8(c)表示在高燃油压力下喇叭口的形状向孔口缩短,形成雾化极好的喷射。

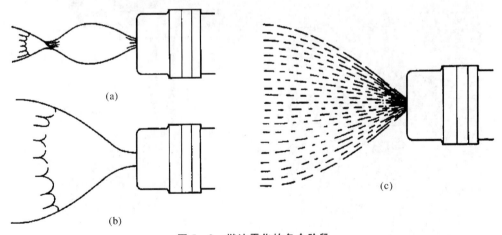

图 5-8　燃油雾化的各个阶段
(a)油泡;(b)喇叭;(c)喷射

单油路喷嘴,早期在喷气发动机上使用,如图 5-9 所示。它有一个内腔,使燃油产生漩涡,还有一个固定面积的雾化孔。这种燃油喷嘴在较高的燃油流量,即在较高的燃油压力时,能提供良好的雾化质量。但是,在较低的发动机转速和在高空要求的油压较低时,这种喷嘴就不适合了。

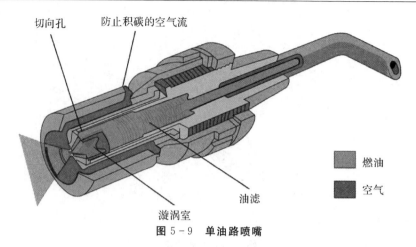

图 5 - 9　单油路喷嘴

双油路喷嘴如图 5 - 10 所示,有初级和主燃油总管,还有两个独立的孔,一个孔比另一个孔小很多。较小的孔处理较低燃油流量,较大的孔随着燃油压力的增加供应较高的燃油流量。它采用增压活门将燃油分配到不同的总管。随燃油流量和压力增加,增压活门移动,逐渐使燃油进入主燃油总管和主油孔,给出两个总管供油。

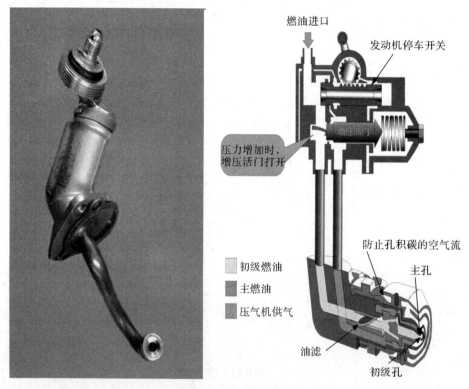

图 5 - 10　双油路喷嘴

目前发动机在各种飞行条件和工作状态下,需油量的变化范围较大,单油路喷嘴不能满足油量变化范围较大的要求,所以在航空发动机上广泛采用双油路离心喷嘴。

空气雾化喷嘴如图 5 - 11 所示,喷出的是油气混合气,它的优点是油气混合得比较均匀,避免了局部富油,减少了积碳的形成,减少了排气冒烟,不要求很高的供油压力,可以在较宽的转速范围内工作,使燃烧室出口温度分布比较均匀。它的缺点是在发动机启动时,气流速度较低,压力较小,造成雾化不良。

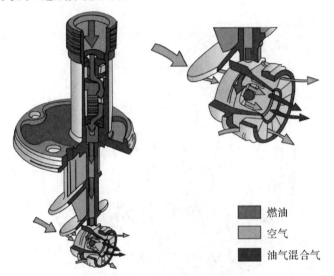

燃油
空气
油气混合气

图 5 - 11　空气雾化喷嘴

蒸发管式喷嘴使燃油在蒸发管内汽化并与空气混合,燃烧稳定,如图 5 - 12 所示,但是使用蒸发管式喷嘴在发动机启动时仍然需要雾化喷嘴。

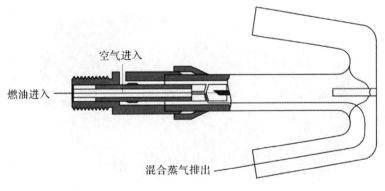

空气进入

燃油进入

混合蒸气排出

图 5 - 12　蒸发管式喷嘴

5.点火装置

点火装置是发动机在地面启动或在高空再启动时用来点火的装置,一般一台发动机有两个点火器。点火装置产生高能火花,点燃燃油。随着高能电嘴的发展,使电嘴在低压下放电量大大增加,因此,直接点火装置已经得到广泛的应用。

5.2.2　燃烧室的类型

燃气涡轮发动机的燃烧室主要有多个单管燃烧室、环管形燃烧室和环形燃烧室 3 种类型。

1. 多个单管燃烧室

图 5-13 为多个单管燃烧室。典型发动机的单管燃烧室如图 5-14 所示。

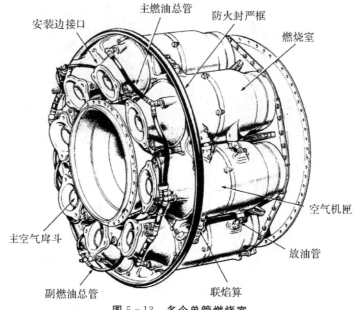

图 5-13　多个单管燃烧室

图 5-14　某型发动机的单管燃烧室

　　该型燃烧室在内、外壳体之间有 8-16 个单管燃烧室,每个单管燃烧室有单独的火焰筒和外套(空气机匣),火焰筒前安装有旋流器、喷油嘴,通常在两个单管燃烧室上装有点火装置,各个单管燃烧室之间有联焰管相连。

　　该型燃烧室的优点是设计简单,结构强度好,能够单个的拆卸和更换。它的缺点是较重和需要更多的空间,还需要复杂的来自压气机的空气供应管路,导致气动损失非常高。多管燃烧室的另一个缺点是从一个室到其他室点火困难。多个单管燃烧室用于离心式压气机发动机和早期的轴流式压气机发动机中。单管燃烧室也用在 APU 中。

2. 环管形燃烧室

环管形燃烧室由内壳、外壳、若干个火焰筒和喷嘴等组成,管式火焰筒沿圆周均匀安装在内、外壳体间的环形空腔内,相邻火焰筒燃烧区之间用联焰管联通,如图 5 - 15 所示。典型发动机的环管形燃烧室如图 5 - 16 所示。

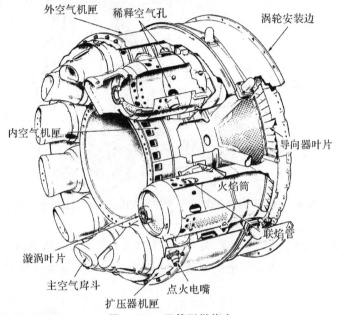

图 5 - 15　环管形燃烧室

图 5 - 16　某型发动机的环管形燃烧室

环管形燃烧室兼有多个单管燃烧室易于检修和试验以及环形燃烧室结构紧凑的优点;比类似的多管燃烧室尺寸较小,质量较轻;外壳体可以传递扭矩,从而改善发动机整体刚性,有利于减轻发动机的结构质量。它的缺点是气动损失相当高,以及从一个火焰筒到另一个火焰筒点火困难。环管形燃烧室多用于轴流式压气机的发动机上。

3. 环形燃烧室

图 5 - 17 为环形燃烧室。

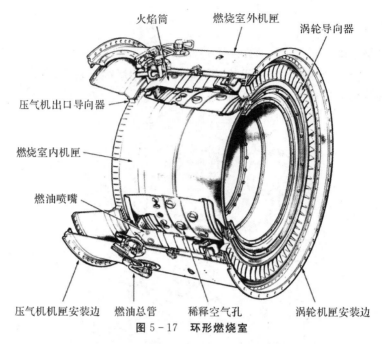

火焰筒　　燃烧室外机匣　　涡轮导向器

压气机出口导向器

燃烧室内机匣

燃油喷嘴

压气机机匣安装边　　燃油总管　　稀释空气孔　　涡轮机匣安装边

图 5-17　环形燃烧室

环形燃烧室由 4 个同心圆筒组成,最内、最外的两个圆筒为燃烧室的内、外机匣,中间两个圆筒构成环形火焰筒,在火焰筒的头部装有一圈旋流器和喷油嘴。典型发动机环形燃烧室如图 5-18 所示。

图 5-18　某型发动机环形燃烧室

环形燃烧室的主要优点是火焰筒结构简单,环形面积利用率高,迎风面积小,重量小,点火性能好,总压损失较小,以及出口温度分布均匀。环形燃烧室的缺点是制造费用高,拆卸困难和耗费时间。

目前民航用的涡轮风扇发动机大多采用环形燃烧室,通常由镍基耐热合金制成,燃烧室的内壁涂覆有耐热等离子喷涂层。民用飞机上所用的 JT9D,CFM56,PW4000,GE90 等发动机大都采用环形燃烧室。某些小型机上采用环形回流燃烧室(见图 5-19),燃烧室围在涡轮外面。这样大大减少了发动机的轴向长度,特别适合于尺寸受限制的发动机,但涡轮的孔探检查困难。

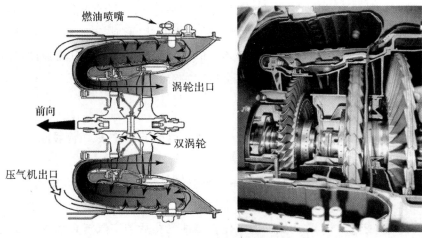

图 5 - 19　环形回流燃烧室

减少燃烧排故污染物的一个方法是使用双环形燃烧室（见图 5 - 20）。一个燃烧区称为先导级，空气和燃油经主预混室燃烧，总在工作；另一个称为主级，空气和燃油经副预混室燃烧，仅在高功率状态工作。对于每一级，空气燃油比控制比标准燃烧室更好，减少了一氧化碳和碳氢物的排放。双环形燃烧室比标准燃烧室更短，减少了排气在热区的时间，由此减少了氮氧化物的生成。

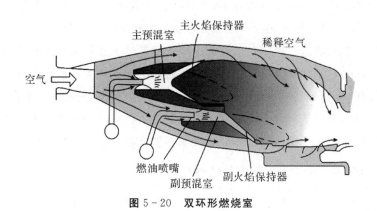

图 5 - 20　双环形燃烧室

5.3　燃烧室的工作

5.3.1　燃烧室的稳定燃烧

从燃烧室的工作特点可知，在燃烧的过程中必须解决稳定燃烧和涡轮等部件的工作安全问题，即在保证工作安全的前提下，实现稳定燃烧。

燃油在高速气流中燃烧时，一方面，流动的气体要把火焰带走，另一方面，火焰又要逆气流向前传播，以点燃新鲜混合气。如果火焰传播速度小于气流速度，则火焰的位置逐渐后移，最终会被吹出燃烧室，以致发动机熄火停车。在高速气流中保证稳定燃烧的条件，就是在燃烧室前端局部区域，使火焰传播速度等于气流速度，以形成一个点火源，不断点燃新鲜混合气，使之稳定燃烧。在燃烧过程中，必须降低燃烧室前部局部的气流速度，保证混合气的稳定燃烧；又要限制燃烧的温度，确保燃烧室和涡轮的安全工作。

1. 影响火焰传播速度的主要因素

（1）余气系数。试验证明：混合气的余气系数 α 稍小于 1 时，火焰传播速度最大；余气系数 α 大于或小于 1 时，火焰传播速度都要减小。

（2）混合气的初温初压。燃油在燃烧室中与空气混合形成混合气，混合过程大致可分为两个阶段：第一阶段，燃油被撕碎成大量微小的油珠，称为燃油的雾化；第二阶段，油珠吸取周围热量而蒸发，变成蒸气，称为燃油的气化。燃油气化后与空气混合形成混合气，燃油气化得越快，则火焰传播速度越大，而燃油气化的快慢，主要取决于周围的温度和雾化质量。混合气的初温、初压升高时，火焰传播速度增大。

（3）燃油的雾化程度。燃油雾化的质量主要以雾化后的油珠的大小来衡量。一般来说，油珠应尽量小，这可增大油珠总的表面积，从而增加了燃油与空气接触的面积，便于燃油从空气中吸取热量，加速燃料气化和空气形成混合气。但是，油珠也不能过小，否则，油珠不能喷射到较远的地方，都集中在一较小的范围里，使这个范围内的混合气富油到不允许的程度，从而导致过热。油珠最好是有大有小，小的油珠喷到较近的气流中立即汽化，大的油珠则喷到较远的气流中，这样，燃油就可以分布在燃烧区较大的范围里。

（4）混合气的流动状态。紊流状态时的火焰传播速度大于层流状态时的火焰传播速度，促使燃油迅速汽化。当气体作紊流流动时，气体微团的运动极为紊乱，使火焰前锋的表面极不规则，犹如锯齿状，而且随着紊流强度的增大，某些正在燃烧的气团可能脱离火焰前锋而进入新鲜混合气中，某些新鲜混合气的气团也可能穿入火焰前锋使火焰前锋面碎裂，形成犬牙交错的形状，这就增大了燃气与新鲜混合气的接触面积，使火焰的传播速度显著地增大。

2. 降低气流速度，保证混合气的稳定燃烧

从压气机出来的空气流速在 100 m/s 以上，而燃烧室内最大截面的气流平均速度一般为 20～30 m/s，可见燃烧是在高速气流中进行的。所以必须想法降低空气的流速，提高火焰的传播速度，以保证能达到稳定燃烧的条件。

燃烧室前部的通道是扩散型的，亚声速气流在扩散型的管道内速度下降，这样就可以将速度由 100 m/s 以上降到 40～60 m/s 左右。旋流器是由若干旋流片按一定角度沿周向排列成的，安装在火焰筒的前部。当空气流过旋流器时，产生旋转运动，气流被惯性离心力甩向四周，使燃烧室中心部分空气稀薄，形成一个低压区。于是火焰筒四周的空气及后部一部分高温燃气便向火焰筒前部中心的低压区倒流，形成回流，如图 5-21 所示。

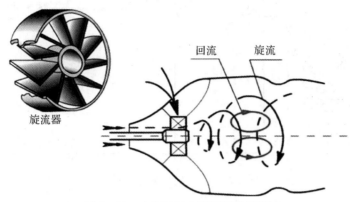

图 5 - 21　空气流过旋流器后的情形

在燃烧室中有回流的地方叫回流区,回流区的外边叫主流区。由于气流在火焰筒内形成回流,加之主流区与回流区之间的黏性作用,使火焰筒内同一个截面上的气流速度是不相等的,如图 5 - 22 所示。轴向速度等于零的地方,叫回流边界。主流区靠近回流边界的地方,气流轴向速度比较小,为形成点火源提供了有利条件。

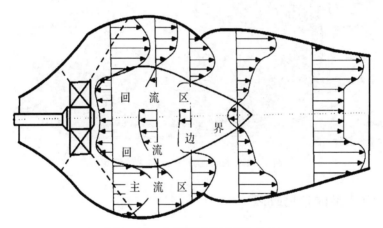

图 5 - 22　火焰筒内气流速度分布

3. 限制燃烧的温度,确保燃烧室和涡轮的安全工作

由压气机来的空气分成两股进入燃烧室。第一股由燃烧室的头部经过旋流器进入,约占总进气量的 25% 左右。其功用是与燃油混合,组成余气系数稍小于 1 的混合气进行燃烧。第二股气流由火焰筒侧壁上开的小孔及缝隙进入燃烧室,占总进气量的 75% 左右。其功用是用于降低空气速度,补充燃烧,与燃气掺混,稀释并降低燃气温度,控制燃烧室出口处的温度分布,满足涡轮对温度的限制要求;冷却火焰筒的外壁,同时冷空气在火焰筒的内壁形成一个气膜,将高温燃气与火焰筒的内壁分开而不直接接触,来冷却保护火焰筒。如图 5 - 23 所示。

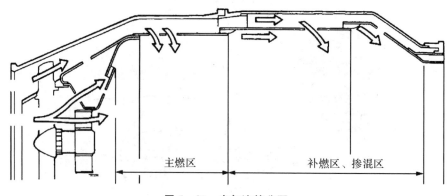

主燃区　　　　　补燃区、掺混区

图 5-23　空气流的分配

从旋流器流进来的空气和从二股气流孔进来的空气互相作用,形成低速回流区,起稳定和系留火焰的作用。设计中应当使从燃油喷嘴呈锥形喷出的燃油与回旋涡流的中心相交,这样和主燃区的总体湍流一起,极大地帮助雾化燃油并使之与空气混合,如图 5-24 所示。

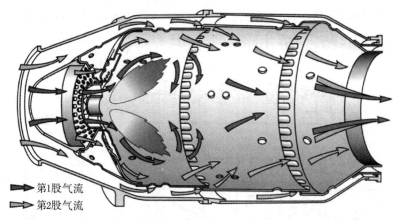

→ 第1股气流
→ 第2股气流

图 5-24　燃烧室的气流和火焰稳定

5.3.2　燃烧室的常见故障

燃烧室是发动机的重要部件,燃烧室的不正常工作将导致发动机不能正常工作,因此在日常的使用和维护中,应做好预防措施,防止燃烧室产生故障。

燃烧室的常见故障有局部过热和燃烧室熄火。

1.局部过热

发动机在正常工作时,火焰筒是存在着温度差的,也就是说存在着一定的热应力,正常工作时的热应力是材料强度所允许的,火焰筒并不至于损坏。而当燃烧室局部温度过高、火焰筒各处的温度差增大到一定程度时,就会引起火焰筒变形或产生裂纹,缩短燃烧室的使用寿命。这种火焰筒的某些部分过度受热的现象,叫做燃烧室局部过热,其原因有燃油分布不均匀和空气流动遭到破坏。在使用和维护中,应该防止这种故障的发生。

2.燃烧室熄火

在飞行中,发动机因燃烧室熄火而造成空中停车,是一种严重的事故征候,如果处理不当,还可能造成严重事故。当燃烧室熄火时,将出现下列现象:飞机发生抖动,飞机发出不正常的声音,转速和排气温度突然下降,油门操纵失灵,飞机失去推力,飞行速度不断减小。

燃烧室熄火分为贫油熄火和富油熄火,其根本原因是混合气的余气系数超出了稳定燃烧的范围。从燃烧室的工作过程可知,燃烧室进口处气流速度越大,则稳定燃烧的余气系数的范围越小,而当气流速度超过一定数值后,无论用多大的余气系数,都无法维持稳定燃烧,如图 5 - 25 所示。

根据熄火的原因,防止燃烧室熄火主要在于增大稳定燃烧范围,把混合气的余气系数保持在稳定燃烧范围内。

燃烧室的工作在一定条件下,将由稳定燃烧转化为不稳定燃烧而造成熄火,因此,通过对飞行高度、飞行速度和发动机转速对稳定燃烧范围影响的分析,就可知道燃烧室在什么条件下容易熄火。

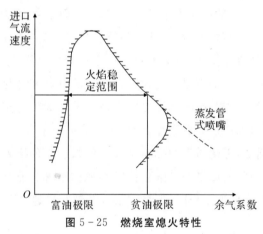

图 5 - 25　燃烧室熄火特性

(1)飞行速度变化对稳定燃烧范围的影响。随着飞行速度减小,稳定燃烧范围是变小的。发动机的工作状态不变,飞行速度减小时,燃烧室进口气流速度变化也不大,但是,飞行速度减小,导致冲压比减小,混合气的初温、初压降低,同时,由于发动机的空气流量减小,供油量也相应减小,喷嘴前油压相应降低,燃油雾化质量变差,因此,稳定燃烧范围随飞行速度的减小而减小。

(2)飞行高度变化对稳定燃烧范围的影响。随着飞行高度升高,稳定燃烧范围是变小的,如图 5 - 26 所示。发动机的工作状态不变,飞行高度升高时,燃烧室进口气流速度的变化不大,但是,混合气的初温,初压都随大气温度和压力的降低而降低,同时,空气密度随高度的升高而减小,发动机空气流量减小,供油量也相应减小,喷嘴前油压降低,燃油雾化质量变差,这些都使稳定燃烧范围随飞行高度升高而不断减小。特别是在贫油极限边界,余气系数又随着高度的升高而急剧减小,这是因为贫油燃烧时,供油量本来就减少,高度升高后,供油量就更少,燃油雾化质量变得更差的缘故。因此,飞机在高空飞行时,燃烧比较容易超出稳定燃烧范围而引起发动机熄火停车。

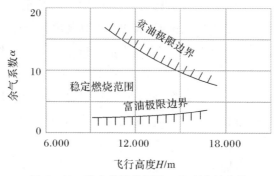

图 5 - 26　稳定燃烧范围随飞行高度的变化

(3)发动机转速变化对稳定燃烧范围的影响。随着发动机转速减小,稳定燃烧范围是变小的,如图 5 - 27 所示。发动机转速增加时,压气机增压比增大,空气流量增大,前者使混合气的初温、初压均升高,后者使供油量相应增多,增加喷嘴前油压,燃油的雾化质量变好。同时,空气流量增大会使燃烧室进口气流速度相应增大,从而增大了燃烧区局部气流速度。将这些因素综合起来看:一方面,初温、初压升高和雾化质量变好,使火焰传播速度增大,有利于稳定燃烧;另一方面,气流速度增大,又不利于稳定燃烧。这样会使稳定燃烧范围发生如下变化:随着转速的增加,对贫油极限来说,初温、初压的升高和雾化质量的改善,使火焰传播速度的增大对稳定燃烧范围的影响比局部气流速度的增大对稳定燃烧范围的影响大,所以贫油极限数值是随转速的增加而急剧增大的;对富油极限来说,由于雾化质量在小转速时已经相对较好,转速再增加,雾化质量的提高对火焰传播速度的影响不太大,而局部气流速度的增大,对稳定燃烧不利,所以富油极限数值随转速的增加稍有增大。反之,稳定燃烧范围缩小。因此,发动机在小转速工作时,燃烧室余气系数容易超出稳定燃烧范围而引起发动机熄火停车。

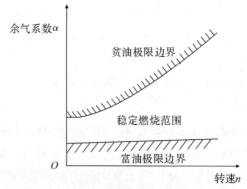

图 5 - 27　稳定燃烧范围随转速的变化

在飞机起飞、进近、着陆阶段,为了防止燃烧室熄火,确保飞行安全,需要接通发动机点火电门加强发动机点火。飞行中,在复杂的气象条件下(如颠簸气流、严重积冰区、大雨等),

也需接通发动机点火电门,实施点火,同时还需要维持发动机一定的转速,以提高稳定燃烧范围。

在发动机的维护工作中,应加强对压气机防喘系统的检查和维护,使之处于良好的状态,防止因防喘系统有故障而发生喘振,导致燃烧室熄火停车。应定期对燃油喷嘴进行检查,以保证燃油喷嘴的工作性能处于良好的状态。

5.3.3　燃烧室的维护注意事项

(1)燃烧室是油气混合气燃烧的区域,长期承受高温烧蚀。在日常孔探检查中,如发现局部烧蚀严重,需考虑该区域燃油喷嘴雾化不均匀导致的燃烧室衬板局部过热。

(2)在发动机湿冷转时,在燃烧室内积聚有较多的燃油,可能会从燃烧室机匣安装边流出,这是正常现象。在发动机正常启动前,要按手册要求执行干冷转吹出燃油,防止烧坏发动机。

(3)燃烧室的孔探检查。燃烧室的孔探检查(见图 5-28)只限于可见区域的检查,可通过孔探孔和点火嘴安装座,使用刚性的或柔性的内窥镜进行检查。燃烧室孔探检查区域包括火焰筒头部区域、内火焰筒和外火焰筒区域。

图 5-28　燃烧室的孔探检查

思　考　题

1.判断燃烧室性能良好的依据是什么?

2.什么是余气系数?

3.什么是燃烧效率?

4.用什么参数来评定燃烧室的体积小?它的物理定义是什么?

5.排气污染物主要有哪些?画图说明这些污染物随发动机转速的分布规律。

6.涡轮喷气发动机的燃烧室有几种基本的结构形式?

7.管式燃烧室如何组成？

8.现代飞机用什么燃烧室？优点是什么？

9.燃烧室中主燃段、补燃段、掺混段的主要作用如何？

10.燃烧室中的一股气流和二股气流的主要功用如何？

11.旋流器是如何保证燃烧室内能形成稳定的点火源的？

12.进入燃气涡轮发动机内部的空气量是否按理论的空气-燃油比例？为什么？

13.环形燃烧室有哪几种形式？

14.燃烧室常见故障有哪些？

15.发动机贫油熄火是什么意思？什么情况下会出现贫油熄火？

16.燃烧室孔探检查区域包括哪些？

第6章 涡 轮

▶学习目标

1.掌握涡轮的作用及类型,熟悉涡轮的工作特点。

2.掌握涡轮的转子结构,掌握涡轮的静子结构,重点理解涡轮间隙控制原理。

3.掌握涡轮轴流式的工作原理,熟悉涡轮的几个重要参数。

4.掌握涡轮部件的常见冷却方法,熟悉涡轮部件的检查方法。

6.1 涡 轮 概 述

涡轮(见图6-1)是燃气涡轮发动机的重要部件之一,它的主要作用是把高温、高压燃气的热能和压力能转变成旋转的机械功,从而带动压气机及其他附件工作。在涡扇发动机中,涡轮还带动风扇;在涡桨发动机中,它还带动螺旋桨;在涡轴发动机中,它输出轴功还带动旋翼。

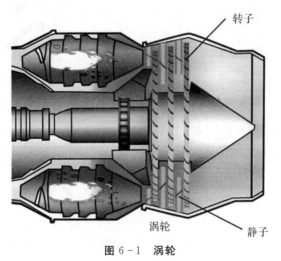

图 6-1 涡轮

6.1.1 涡轮的分类

和压气机一样,按燃气流动方向是否和涡轮旋转轴轴线方向大体一致,涡轮可分为轴流式涡轮和径向式涡轮两类,如图6-2所示。径向式涡轮总是单级,常用于小型涡轮发动机如 APU 上。除了少数小功率的涡轮外,现代航空燃气涡轮发动机大多采用轴流式涡轮。在轴流式涡轮中,按照转子的数目可分为单转子、双转子和三转子涡轮。

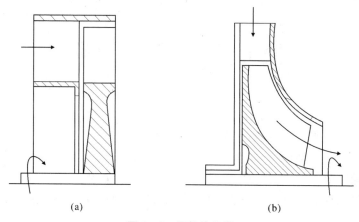

图 6-2　涡轮的分类

(a)轴流式;(b)径向式

轴流式涡轮还可以分为冲击式涡轮、反力式涡轮、冲击-反力式涡轮 3 种类型(见图 6-3)。

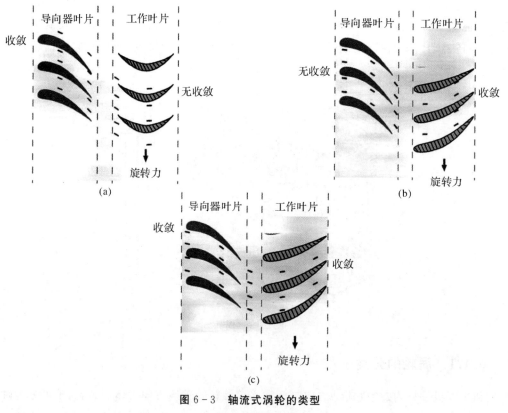

图 6-3　轴流式涡轮的类型

(a)冲击式;(b)反力式;(c)冲击-反力式

冲击式涡轮中,推动涡轮旋转的扭矩是由气流方向的改变而产生的。涡轮导向器内叶片间的流动通道是收敛型的,燃气在导向器内速度增加、压力下降;而在工作叶片通道内,相对速度的大小不变,只改变气流的流动方向。冲击式涡轮的工作叶片的前缘和后缘较薄,中间较厚。

反力式涡轮中,推动涡轮旋转的扭矩是由气流速度大小和方向的改变而产生的。燃气在涡轮导向器中只改变流动方向,涡轮工作叶片间的通道是收敛型的,承受燃气膨胀和加速产生的反作用力。燃气的相对速度增加,流动方向改变,压力下降。反力式涡轮工作叶片的前缘较厚,后缘较薄。

燃气涡轮发动机大多采用冲击－反力式涡轮。涡轮设计中每一种方式的比例大体取决于装此涡轮的发动机型号。

6.1.2 涡轮的工作特点

涡轮部件的性能与压气机部件的性能相比,最显著的差异点如下。

(1)工作气体的温度高,目前涡轮进口燃气温度已高达 1 700K 左右。

(2)单级功率大,气动力矩大。

由于涡轮部件的性能与压气机部件性能的差异,导致涡轮部件与压气机部件的差别表现为以下几方面。

(1)涡轮叶片比压气机叶片要厚。其原因有两个:一个是工作气体的温度高,涡轮叶片受热严重,金属材料的强度随着温度的升高而降低,为了保证叶片的强度,所以涡轮叶片较厚。另一个原因是涡轮叶片需要冷却,所以有的涡轮叶片是空心的,以便通冷却空气。

(2)涡轮叶片比压气机叶片弯曲的程度要大。其原因是单级功率大,气动力矩大。

(3)涡轮部件的材料必须能适应高温下可靠工作的要求,要有足够的高温强度、良好的热安定性以及耐腐蚀性,涡轮叶片的材料已成为提高涡轮前燃气温度的决定因素之一。

(4)涡轮部件要求具有均匀的热惯性与良好的热补偿结构。在发动机工作过程中,燃气温度经常发生变化,由于其内部温度的不均匀或不能自由膨胀而产生热应力与热变形,过大则会影响发动机的正常工作。短时间内热应力的剧增,可能导致部件产生裂纹,反复作用的热应力与变形可能导致部件的破坏(称为热疲劳)。

(5)零部件的降温。降低零部件的工作温度是提高涡轮部件工作可靠性的关键措施之一,可靠有效的冷却系统已成为涡轮部件的重要组成部分。

6.2 涡轮的结构

涡轮由转子和静子两个组件组成,如图 6－4 所示。静子通常也叫导向器或喷嘴环,每个单级涡轮由导向器和工作叶轮组成,导向器在前,工作叶轮在后。导向器在前有利于燃气的膨胀加速,实现动能的转换,又便于采取冷却措施,提高涡轮可靠性。

静子　　　　　　　　　　　　　转子

图 6-4　轴流式涡轮的组成

高涵道比的涡轮风扇发动机如图 6-5 所示,外涵喷气产生的推力大约占整个发动机推力的 80％。双转子涡轮风扇发动机的涡轮包括高压涡轮和低压涡轮。高压涡轮通常采用一级涡轮或者两级涡轮。高压涡轮带动高压压气机和其他附件工作;低压涡轮通常采用多级涡轮,低压涡轮带动风扇和低压压气机转动。高、低压转子在机械上是互相独立的,它们之间只有气动联系但没有机械联系。在同一台发动机中,一级涡轮的功要比一级压气机功大,一般来说一级涡轮可以带动多级压气机,因此,压气机的级数通常比涡轮级数多。

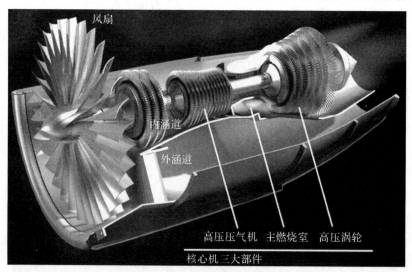

风扇

内涵道

外涵道

高压压气机　主燃烧室　高压涡轮

核心机三大部件

图 6-5　典型的涡扇发动机

6.2.1　涡轮转子

涡轮转子是涡轮转动部分的总称,是由转子叶片、涡轮盘、涡轮轴和装在轴上的其他转动部件组成的一个整体,如图 6-6 所示。涡轮转子是在高温、高转速下工作,并要传递大功率,所以工作条件比较恶劣。盘与轴的连接通常可分为不可拆式与可拆式两种。在民航用的发动机中,为了维修方便,一般采用可拆式盘轴连接。

图 6-6　高压涡轮转子

　　在多级涡轮中,还有盘间连接部件,盘与盘连接的设计要求除了应有足够的强度与刚性、可靠定心外,还要考虑盘与盘的连接与静子部件的结构形式协调。盘与盘连接也分为不可拆式与可拆式。因为涡轮的工作温度高,对机匣的周向刚性要求较严,通常多采用纵向不剖分机匣,因此转子的装拆问题将直接影响盘与盘连接的结构方案。

　　不可拆式的盘盘连接方案通常用于级数较少的涡轮转子,分解时,先取下后面级转子叶片,然后将该级导向器沿发动机轴线向后移出。

　　对于现代的涡扇发动机,特别是其级数大于 3 的低压涡轮,盘与盘的连接广泛采用可拆式,通常用短螺栓连接。因为它的位置可与流程通道的变化相适应,按结构需要布置比较灵活,连接刚性好,重量轻,结构简单,装拆方便。图 6-7 为 CFM56 发动机的高压和低压涡轮,其低压涡轮转子的各轮盘间用短螺栓连接,低压涡轮轴前端的外花键连接到风扇轴的内花键。

图 6-7　CFM56 发动机的涡轮

1. 涡轮转子叶片

高温燃气不仅会使叶片材料的强度极限下降,而且还会使叶片材料产生蠕变和侵蚀。涡轮叶片蠕变是涡轮叶片的持久伸长,是由热负荷和离心负荷长时间作用引起的塑性变形,与时间和温度相关。涡轮叶片由耐热的高强度合金钢制成。涡轮转子叶片由叶身和榫头两个基本部分组成。典型的涡轮转子叶片如图 6-8 所示。

进气孔

图 6-8　涡轮转子叶片

转子叶片的叶身结构原则上与压气机叶片的要求相类似,由于涡轮单级转换能量大,即气流速度高、折转角大,从而气动力大,所以涡轮叶片的叶型剖面弯曲度大,叶身较厚,并且沿叶高的截面变化也较明显。涡轮转子叶片设计成翼型截面,高压涡轮的工作叶片也做成空心的,由压气机引气进行冷却。

有些涡轮的转子叶片顶部带有叶冠(见图 6-9),这样做有以下优点。

(1)利用相邻叶冠之间的摩擦来吸收振能量,从而有效地起减振作用。

(2)将气流限制在叶片与叶冠构成的流道中流动,减小潜流损失,提高了涡轮效率。

(3)某些发动机在叶冠上作有封严齿,加强封气效果,减少轴向漏气,提高涡轮效率。

由于叶顶带冠引起的离心力使叶身与轮盘增加了负荷,并且叶冠处于悬臂状态,有不便冷却与切线速度过大的限制。因此,在某些发动机的涡轮上并未采用带冠叶片。

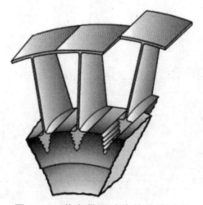

图 6-9　装有带冠叶片的工作叶轮

涡轮叶片榫头承受的负荷较大，而且在高温下工作，材料的机械性能降低。现代燃气涡轮发动机中的涡轮广泛使用枞树形榫头，这种榫头在轮缘所占的周向尺寸较小，可以有间隙地插入榫槽，允许榫头与轮缘受热后自由膨胀；可以在榫头的装配间隙通入冷却空气，对榫头和轮缘进行冷却。但是，枞树形榫头也有一些缺点：叶片和轮缘榫齿间圆角半径较小，应力集中现象严重；加工精度要求高，否则各齿受力不均匀，受力最大的榫齿容易破坏。

2. 涡轮盘

涡轮盘通常由机械加工的锻件制成，可以和轴制成一个整体，也可以带安装边由螺栓连接涡轮轴。涡轮盘的外缘还有涡轮工作叶片安装用的榫槽。

3. 涡轮轴

涡轮轴主要用于传递扭矩，要有足够的强度。但必须注意到轴和轴承还受到不平衡惯性力交变负荷的作用，轴的临界转速问题也是不可忽视的，因而要有足够的刚性。

6.2.2　涡轮静子

涡轮静子组件主要包括涡轮机匣、涡轮导向器、涡轮框架和间隙控制装置等，如图6-10所示。

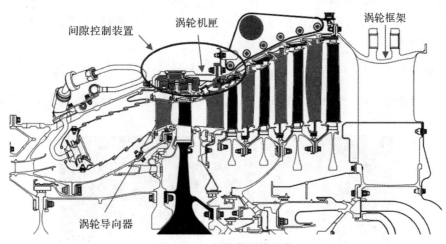

图 6-10　**涡轮静子的组成**

1. 涡轮机匣

涡轮机匣通常是圆柱形或圆锥形的薄壁壳体，除固定导向器外，还借前后安装边分别与燃烧室及喷管连接，用于传递相邻部件的负荷，因此涡轮机匣是发动机承力系统的重要构件。典型发动机的涡轮机匣如图6-11所示。

低压涡轮机匣

涡轮框架

图 6-11　涡轮机匣

　　涡轮机匣与涡轮转子在工作时应保持良好的同心度。有的发动机在装配时,在涡轮的某几片叶片尖部附着一层类似砂轮的磨削材料,然后旋转涡轮转子,用这几片叶片将涡轮机匣内壁附着的易磨结构或涂层磨掉,以便使涡轮机匣的内壁与转子同心。经过磨削后,这些叶片的附着材料也被磨掉。涡轮叶片应保持叶尖间隙均匀。由于机匣是传递负荷的承力构件,特别是传递不对称负荷,长期使用可能会产生较大的变形,从而不能保持均匀的叶尖间隙,使涡轮效率下降,造成发动机性能的衰退。对于大型民用航空发动机,要求工作寿命不断延长,除了提高结构的可靠性外,性能的衰退已成为一个突出的问题。采用双层结构机匣是改善发动机性能衰退的措施之一。它将构成气流通道外壁的内层机匣与传递负荷的外层机匣分开,这样在较长使用时间内作为承力构件的外层机匣的变形,不会影响到内层机匣,因此保持了较均匀的叶尖间隙。

　　2. 涡轮导向器

　　涡轮导向器是由内、外环和一组导向叶片组成的环形静止叶栅。典型发动机的涡轮导向器如图 6-12 所示。

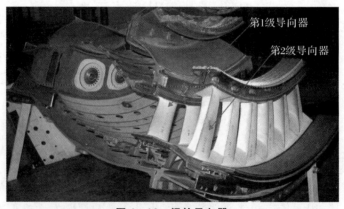

第1级导向器

第2级导向器

图 6-12　涡轮导向器

　　涡轮导向叶片采用高温合金精密铸造而成,为实心或空心的。实心叶片铸造方便,但因叶型厚薄不均、受热速度不同,叶片内热应力较大。空心叶片(见图 6-13)叶型部分壁厚明显减薄,并趋于均匀,还可以通冷空气,这样降低了叶片的工作温度,减小了热应力。

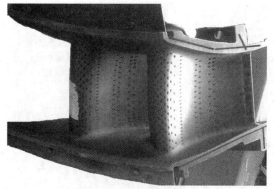

图 6-13 涡轮导向叶片

(1)第一级导向器。发动机受热最严重的部件是第一级涡轮导向器(见图 6-12 和图 6-14),燃烧室喷出的高温燃气直接进入其中,温度最不均匀。通常在空心叶片中间通冷却空气,进行有效的冷却。为了保证叶片具有足够的刚性,采用了两端与机匣相联(即双支点)的结构,在内支承上还装有涡轮轴承。此外,第一级涡轮导向器的排气面积对发动机的性能影响较大,因此要求较严,结构上通常允许调整。

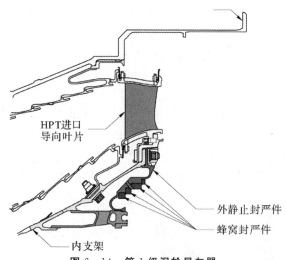

HPT进口
导向叶片

外静止封严件
蜂窝封严件
内支架

图 6-14 第 1 级涡轮导向器

(2)第二级及其以后各级导向器。第二级及其以后各级导向器都是位于两级工作轮之间。由于这类导向器只能是一个外端固装的悬臂结构,作用在导向器上的负荷只能通过叶片外端传到外环上去,因此叶片与外环的连接需要特别加强。由于叶片较长,刚性问题较为突出。在叶片内端装上内环,既构成气流通道内壁,又能提高叶片的刚性。

为了便于装拆,导向器的装配应考虑到转子的结构特点。一般来说,导向器几乎都做成可拆式的,目前普遍采用挂钩式结构(见图 6-15)。外缘板通过铣有缺口的前凸边插入涡轮机匣上带有销钉的环槽中,使导向叶片悬钩在机匣上,环槽的销钉正好卡在导向叶片前凸边的缺口处,起周向定位作用,后凸边嵌入机匣相应的环槽内以限制轴向活动。内缘板也有前后凸边,以限制其活动。

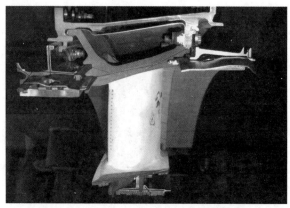

图 6-15　某型发动机的第 2 级涡轮导向器

导向器内环与转子的封严问题:由于气流通过导向器时压力降低较大,在导向器内环与转子间必须设置可靠的封严,封严装置要通过导向叶片在涡轮外环定中心,保证与转子具有良好的同心度,并允许叶片能自由膨胀。

3.涡轮框架

涡轮框架是发动机的主要结构件(见图 6-11),位于低压涡轮后,将低压涡轮后端的轴承负荷传递到涡轮框架上发动机后安装节,支持发动机排气部件,如喷管和排气锥。典型涡轮框架由框架毂同轴承支撑、外框架机匣和一组连接毂同外机匣的支柱组成。

4.间隙控制装置

涡轮机匣与转子叶片叶尖之间的距离叫涡轮径向间隙,高压涡轮间隙通常是指高压涡轮转子叶片叶尖到高压涡轮护罩之间的距离(见图 6-16)。

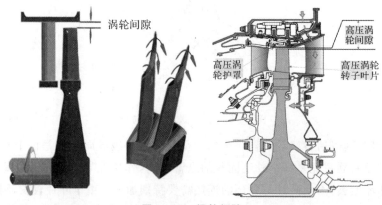

图 6-16　涡轮间隙

由于材料、尺寸的不同,状态变化时收缩膨胀率不同,涡轮径向间隙是变化的。材料膨胀需要的时间取决于材料的厚度,薄的材料比厚的材料膨胀得较快。如果冷态的装配间隙为 Δ_1,启动时,薄壁涡轮机匣的热惯性较小,受热后温度升高比轮盘快,因而膨胀也快,涡轮间隙增大为 Δ_2。随着转子转速增高,工作叶片和盘都得到加热,再加上离心力的影响,使正常工作时涡轮间隙减小为 Δ_3。当发动机停车时,热惯性较小的机匣冷却得比转子快,因此涡轮间隙减小,这时的涡轮间隙 Δ_4 为最小(见图 6 - 17)。

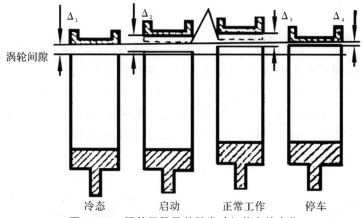

冷态　　　启动　　　正常工作　　　停车

图 6 - 17　涡轮间隙及其随发动机状态的变化

发动机工作期间,涡轮径向间隙太大将降低涡轮效率,因为大量燃气通过涡轮叶片和机匣间隙流走没有做功。如果涡轮径向间隙太小,转子叶片同涡轮机匣摩擦会引起涡轮材料的磨损或涡轮损坏。某型发动机的试验表明,如果涡轮径向间隙增加 0.25 cm,燃油消耗则将增加 1%。间隙控制装置可以减小涡轮径向间隙,实质上是在停车时不允许出现机匣与叶片相碰的条件下,尽量减小涡轮径向间隙,提高发动机的效率。

利用机匣形变量来实现减小叶尖工作间隙的措施,不随发动机工作状态进行人为控制调节,而是在发动机工作过程中,由其自然地进行变化。这种不随发动机工作状态进行调节的,防止叶尖间隙变化过大的措施,称为被动间隙控制技术。

新型发动机上对高压涡轮乃至低压涡轮间隙实行主动控制,如图 6 - 18 所示。主动间隙控制可使涡轮机匣的膨胀量与转子叶片的伸长量相一致,目的是使转子叶片叶尖和机匣之间不会因接触而造成损伤,同时保持最小的涡轮间隙,从而使涡轮具有较高的效率。由于高、低压涡轮的工作温度对发动机性能的影响程度不一样,因此对高压涡轮间隙和低压涡轮间隙分别进行控制。

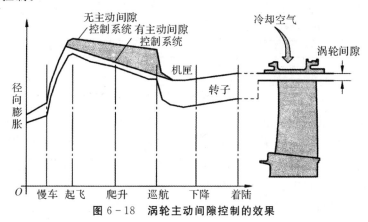

图 6 - 18　涡轮主动间隙控制的效果

6.3 轴流式涡轮的工作原理

6.3.1 燃气在涡轮中的流动

涡轮和压气机都是叶轮机械,它们虽然有许多相似之处,但是从功用和原理上来分析,涡轮与压气机是截然不同的。首先是在能量转换方面,压气机是接受机械能,并把它转化为空气的压力位能和动能,而涡轮把燃气的内能转化为机械能,并把它向外输出。

每个单级涡轮由导向器和工作叶轮组成。基元级由导向器叶栅和工作叶轮叶栅通道组成,叶栅通道均是收敛型的,气流经过涡轮基元级的参数变化如图6-19所示。

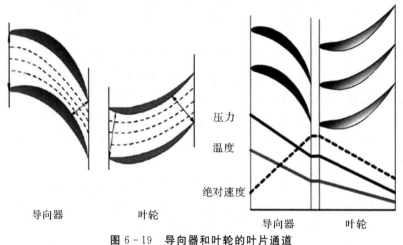

图6-19 导向器和叶轮的叶片通道

燃气经过导向器后速度增加,压力下降,并改变流动方向,将压力位能和热能转变为动能,总压下降,总温不变(见图6-20)。

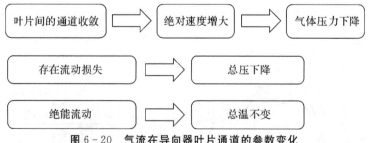

图6-20 气流在导向器叶片通道的参数变化

燃气经过工作叶轮后相对速度增大,方向改变,压力降低,温度降低,推动工作叶轮高速旋转,向外输出功,使绝对速度减小,将热能转变为功,总压、总温都下降(见图6-21)。

燃气在叶栅中的流动都是加速、降压流动,不容易出现分离,因此气流通过叶栅拐弯的角度比在压气机中要大得多。再者,温度高,在同样的马赫数下,速度要高,所以在轮缘速度基本相当的情况下,扭速要大得多。因此,通常在同一台发动机中,一级涡轮的功要比一级压气机功大得多,一般说一级涡轮可以带动多级压气机。

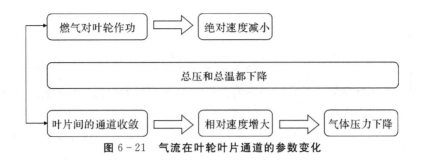

图 6 - 21　气流在叶轮叶片通道的参数变化

6.3.2　涡轮的主要参数

涡轮的主要参数有涡轮前燃气总温、涡轮落压比、涡轮功、涡轮效率和涡轮功率。

1. 涡轮前燃气总温

涡轮前燃气总温越高,燃气所具有的膨胀能力越强,同时涡轮叶片所承受的热负荷越大。所以,涡轮前燃气总温描述了燃气的膨胀能力,对涡轮的安全工作具有直接影响。

2. 涡轮落压比π_T^*

涡轮落压比是指涡轮前燃气总压与涡轮后燃气总压之比,用π_T^*表示,其大小表示燃气在涡轮中的膨胀降压能力,则有

$$\pi_T^* = \frac{p_3^*}{p_4^*} \tag{6-1}$$

涡轮落压比主要随发动机转速的变化而变化。涡轮落压比随转速的变化情况,要根据导向器和尾喷管的工作状态来确定。导向器和尾喷管的工作状态有临界、超临界和亚临界3 种。

(1)在较大转速时,当各级导向器和尾喷管都处于临界或超临界工作状态,涡轮的落压比为常数。

(2)在中等转速时,当各级导向器处于临界或超临界工作状态、尾喷管处于亚临界工作状态时,随着转速下降,涡轮的落压比下降,这是由最后一级涡轮落压比的变化造成的,而其他各级涡轮的落压比不随转速而变化。

(3)在较低转速时,当涡轮和喷管均处于亚临界状态时,随着转速减小,涡轮的落压比减小。各级落压比都减小,而且越靠后的级落压比减小得越多。

3. 涡轮功

涡轮功分为理想涡轮功和实际涡轮功。

(1)理想涡轮功。1 kg 燃气通过理想的过程(绝热、无流动损失和漏气损失情况下)从膨胀涡轮前燃气总压到涡轮后燃气总压所输出的功。

(2)实际涡轮功。1 kg 燃气从涡轮前燃气总压膨胀到涡轮后燃气总压实际所输出的功。

4. 涡轮效率 η_T^*

涡轮效率为实际涡轮功与理想涡轮功之比,用 η_T^* 表示为

$$\eta_T^* = \frac{实际涡轮功}{理想涡轮功} \qquad (6-2)$$

涡轮效率能够反映涡轮内流动损失的大小。燃气流过涡轮时,具有类似于压气机中所存在的各项流动损失。但是,燃气在涡轮里是加速流动,损失要比在压气机里少,效率要比在压气机里稍高些。在涡轮的损失中,漏气损失较大,因为涡轮的压降高,容易漏气。

5. 涡轮功率

在单位时间内,流过涡轮的燃气对涡轮所做的总有效功叫做涡轮功率,用 N_T 表示,单位是瓦特或千瓦,即

$$N_T = G_g C_p T_3^* \left(1 - \frac{1}{\pi_T^{\frac{k-1}{k}}}\right)\eta_T^* \qquad (6-3)$$

式(6-3)表明,影响涡轮功率的因素有涡轮前燃气总温 T_3^*、燃气流量 G_g、涡轮落压比 π_T^* 和涡轮效率 η_T^*。

当涡轮前燃气总温一定时,随着转速的增大,燃气流量增大、涡轮落压比增大或不变、涡轮效率增大或不变,因此涡轮功率增大。当转速一定时,随着涡轮前燃气总温上升,涡轮功率也增大。

6.4 涡轮的冷却

6.4.1 涡轮的材料

由于工作转速高,涡轮材料承受非常高的离心力,并且涡轮部件还承受多次功率循环引起的材料疲劳及硫化物引起的腐蚀,所以涡轮工作环境十分恶劣,因此涡轮的制造需要采用先进的材料和制造工艺。

涡轮的常见故障是裂纹,其原因是热应力。整台发动机受热最严重的部件是第一级涡轮导向器。超温可能导致叶片出现裂纹,裂纹常出现在或横穿过叶片的前缘与后缘,而且裂纹的方向与叶片的长度相“垂直”。在维护过程中要使用强光源和放大镜对涡轮叶片进行仔细地检查(即孔探检查)。

涡轮导向叶片除受有较大的气动力与不稳定的脉动负荷外,还处于高温燃气的包围之中,温度高,冷热变化大、温度不均匀严重。对于导向叶片,耐热是最主要的性能要求,虽然采用冷却技术,仍须使用耐高温的镍合金和加强热阻特性的热障涂层。

涡轮盘承受很大的旋转应力,影响涡轮盘使用寿命的因素是其抗疲劳裂纹的能力。目前,涡轮盘用镍基合金制造。增加合金中镍元素的含量可增大抗疲劳特性,延长轮盘寿命。另一途径是采用粉末冶金盘,可提高涡轮盘的强度,允许更高的转速。

涡轮工作叶片材料采用铸造镍基合金,它有更好的抗蠕变和疲劳特性。研究发现,通过

将晶粒沿叶片长度方向排成柱状即"定向凝固",可具有比普通铸造的等轴晶体结构更长的使用寿命。军民用的燃气涡轮发动机采用单晶体叶片,具有优异的高温强度、良好的抗氧化和抗热腐蚀性能,以及良好的疲劳性能、断裂韧性等综合性能。

6.4.2 涡轮部件的检查

(1)发动机在工作时,由于涡轮温度最高,承受的负荷最大,因此,使用中应防止涡轮超温、超转、超时。发生超温、超转时要严格按手册进行相关检查。

(2)风沙环境中使用的发动机由于其叶片内部冷却气路容易堵塞,很可能导致涡轮转静子叶片出现烧蚀、断裂等损伤,严重影响发动机的使用寿命。

(3)高压涡轮进口导向叶片的检查见图 6-22。高压涡轮进口导向叶片检查区域包括叶片的前缘、凹面、凸面、后缘、内外平台等。主要损伤检查项目包括烧蚀、裂纹、材料缺损等。

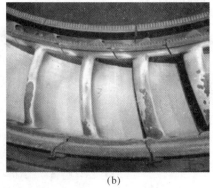

(a)   (b)

图 6-22 高压涡轮导向叶片的检查

(a)1 级高压涡轮导向叶片腐蚀,涂层丢失;

(b)1 级高压涡轮罩环存在刮磨痕迹,剥落;2 级高压涡轮导向叶片腐蚀,涂层丢失和烧蚀痕迹

(4)高压涡轮转子叶片的检查见图 6-23。高压涡轮转子叶片的叶尖一般设计有磨损指示槽,可以用来判断叶片和环罩的磨损情况。高压涡轮转子叶片的检查区域包括叶片的前缘、后缘和叶尖等。

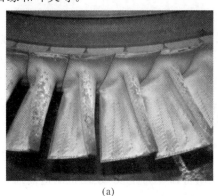
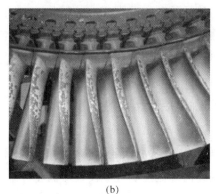

(a)   (b)

图 6-23 高压涡轮转子叶片的检查

(a)1 级高压涡轮叶片腐蚀,涂层丢失和烧蚀痕迹;(b)2 级高压涡轮叶片腐蚀,涂层丢失

6.4.3 涡轮部件的冷却

涡轮是发动机中承受热负荷和机械负荷最大的部件,要保证涡轮在高温下可靠地工作,除了采用热强度高的耐热合金或合金钢来制造涡轮部件外,还必须采用先进的冷却技术,针对部件温度的分布情况,有效地利用冷却系统,以改善涡轮部件的工作条件,增加其使用寿命,提高涡轮效率。对高压涡轮导向叶片和工作叶片,采用来自发动机高压压气机的空气冷却。目前广泛使用的冷却方式有对流冷却、冲击冷却、气膜冷却3种,如图6-24所示。

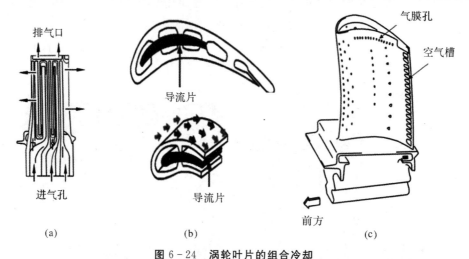

图 6 - 24 涡轮叶片的组合冷却

(a)对流冷却;(b)冲击冷却;(c)气膜冷却

对流冷却是最简单的冷却方法。冷却空气从叶片底部和顶部的孔进入,流经叶片的内部通路,通过与壁面的热交换,将热量带走,再从叶片前后缘流出,同热的燃气流汇合。

冲击冷却对于涡轮导向叶片和转子叶片是较好的冷却方法。冷却空气首先流入叶型内空心的导流片,导流片上有许多小孔或缝隙作为喷嘴,冷却空气通过这些喷嘴冲击叶型的内壁。这样强化了局部的换热能力,增强了冷却效果。随后冷却空气顺着叶片内壁面进行对流冷却,最后从叶片后缘流出,同热燃气流汇合。

气膜冷却进一步改善冷却效果。冷却空气由叶片端部进入叶片内腔,通过叶片壁面上开的大量小孔流出,在叶片表面形成一层气膜,将叶片与高温燃气隔开,达到冷却叶片的目的。但这种叶片表面开的小孔太多,制造工艺复杂,叶片强度受到一定的影响。

为了加强冷却效果,在大多数现代燃气涡轮发动机上往往采用对流冷却、冲击冷却及气膜冷却3种方式组合的冷却方法。

涡轮导向叶片和涡轮工作叶片的寿命不仅取决于它们的结构形式,而且还与冷却方式有关,因此内部流道的气流设计对涡轮叶片的使用寿命非常重要,发动机制造商通过不断改进涡轮叶片的内部冷却通道以及结构来提高涡轮叶片的寿命。涡轮转子叶片的冷却形式发展历程如图6-25所示。

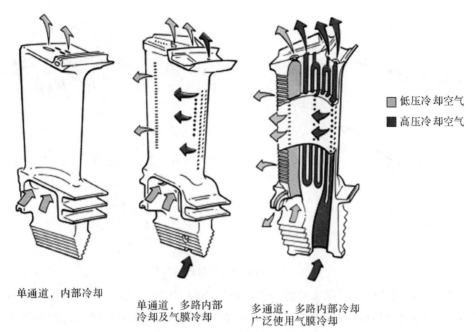

低压冷却空气
高压冷却空气

单通道，内部冷却

单通道，多路内部
冷却及气膜冷却

多通道，多路内部冷却
广泛使用气膜冷却

图 6-25 叶片冷却形式的发展历程

　　高压涡轮转子的冷却情形如图 6-26 所示，高压涡轮导向器的冷却情形如图 6-27 所示。冷却涡轮盘的空气进入涡轮盘内部的空腔，并向外流过轮盘表面，然后沿级间封严与轮盘之间的通道进入涡轮叶片的叶根，对涡轮叶片的根部进行冷却，在完成对涡轮转子的冷却之后，重新加入到主燃气流中。

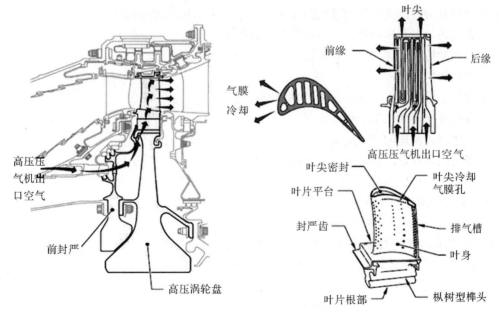

叶尖

前缘

后缘

气膜
冷却

高压压气机出口空气

高压压
气机出
口空气

叶尖密封

叶片平台

叶尖冷却
气膜孔

封严齿

排气槽

叶身

前封严

叶片根部

枞树型榫头

高压涡轮盘

图 6-26 高压涡轮转子的冷却

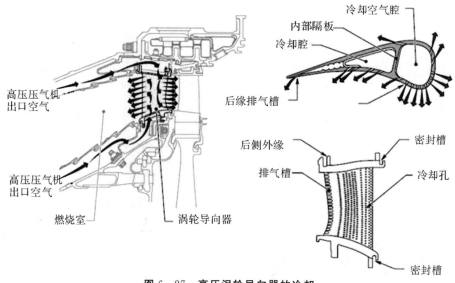

图 6-27　高压涡轮导向器的冷却

另外一个与涡轮叶片冷却有关的因素是环境条件,如果大气中含有的悬浮颗粒或其他化学污染物多,则可能引起内部冷却通道的堵塞或内部腐蚀,使涡轮叶片的寿命大大缩短,因此在发动机设计和改进中需要全面考虑叶片冷却效果与预防颗粒物堵塞冷却通道和内部腐蚀问题。

思　考　题

1. 涡轮的功用是什么?

2. 涡轮分为哪几类? 目前燃气涡轮发动机中多采用哪几类涡轮?

3. 燃气涡轮发动机中的涡轮是由什么组成的?

4. 简述冲击式涡轮与反力式涡轮在工作原理上的差别。

5. 涡轮效率如何定义?

6. 涡轮工作叶片为什么大多采用枞树形榫头?

7. 涡轮导向器的功用是什么?

8. 简述涡轮径向间隙的定义。

9. 涡轮间隙控制的目的是什么? 如何控制?

10. 什么是主动间隙控制方法?

11. 带冠的涡轮叶片有什么优点?

12. 涡轮落压比如何定义?

13. 涡轮叶片的冷却方式有哪些? 各有什么优缺点?

14. 燃气涡轮发动机最热的地方在哪里? 如何冷却?

15. 什么是涡轮叶片的蠕变? 原因是什么?

16. 涡轮部件需要重点检查哪些部位?

第 7 章 喷 管

1.掌握喷管的作用及类型,熟悉喷管的排气方式。

2.掌握亚声速喷管的工作原理及主要工作状态,熟悉喷管的维护检查工作,熟悉超声速喷管的工作特点。

3.掌握反推装置的作用、类型与工作原理。

4.了解消音的作用,熟悉降低噪声的方法。

7.1 喷管概述

早期涡轮喷气发动机排气系统的主要部件是喷管,随着发动机尾部的部件日趋增多,仍以"喷管"为名称不能确切反映其功能,故称为排气系统。排气系统通常包括排气混合器、反推力装置、消音装置、喷管及其调节机构等,其中喷管是发动机必不可少的一个部件,其他的各种装置则是根据发动机和飞机的特殊需要而设置的。

7.1.1 喷管的主要作用

喷管(见图7-1)的主要作用:第一是从涡轮(或加力燃烧室)流出的燃气,在喷管中继续膨胀,燃气中的一部分热能转变为动能,以很大的速度沿一定的方向喷出,增大出口动量,使发动机产生反作用推力;第二是通过反推装置改变喷气方向,将向后排出的喷气折转向斜前方排出,产生反推力,以迅速降低飞机落地后的滑跑速度,缩短飞机的滑跑距离;第三是采用消音喷管来降低发动机的排气噪声;第四是通过调节喷管的临界面积来改变发动机的工作状态。

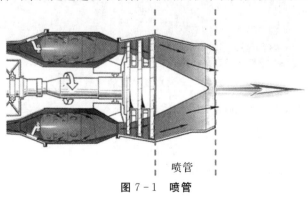

喷管

图7-1 喷管

7.1.2 对喷管的基本要求

(1)在各种飞行条件下,能以最小的损失把燃气的部分热能转变为动能,并能比较均匀地沿轴向喷出,以获得尽可能大的推力。

(2)使发动机的工作状态能根据飞行条件进行有效的调节。喷管、推进喷管或排气口的面积会影响到涡轮进口温度,排气流的质量流量、速度及压力。因此,可以通过专门的尾喷管调节装置达到改变发动机工作状态的目的。

(3)使推力向量的大小和方向可以根据需要在一定的范围里调节。比如带有反推力装置的尾喷管可以改变推力的方向和大小,以缩短飞机着陆时的滑行距离。

(4)发动机的噪声尽量小。现代发动机必须解决噪声问题,带有消音装置的尾喷管可以使发动机的噪声大大降低。

(5)尺寸小、重量轻、结构简单、加工工艺性好。

(6)对结构和材料有特殊的要求。依据发动机类型的不同,进入排气系统的燃气温度在550~850℃之间,采用加力燃烧室时可达 1 500℃,甚至更高。所以采用的材料及结构形式应能够抵御挠曲和产生裂纹,并防止向飞机结构的热传导。

7.1.3 涡扇发动机的排气方式

涡轮风扇发动机的排气有低温的外涵空气流和高温的内涵燃气流两股气流,如图 7-2 所示,其排气方式主要有混合排气和分开排气两种。

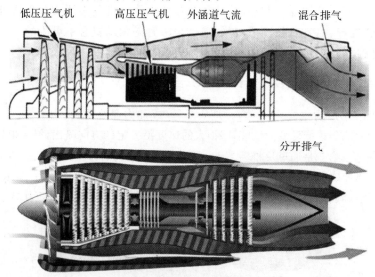

图 7-2 涡扇发动机的排气

在低涵道比发动机中,混合器能使外涵的空气流入涡轮排气流之中,保证两股气流充分混合。

在高涵道比发动机中,两股气流通常分别排出,也可以将两股气流结合到一个公用的即整体式喷管组件之中。这种喷管使气流在喷入大气之前先部分混合。

7.2 喷管的分类与结构

喷管通常分为亚声速喷管和超声速喷管两种类型。亚声速喷管是收敛型的管道,而超声速喷管是先收敛后扩张形的管道,如图 7-3 所示。

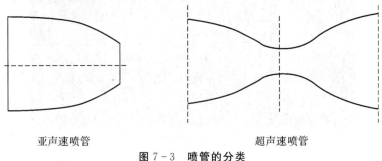

亚声速喷管 超声速喷管

图 7-3 喷管的分类

7.2.1 亚声速喷管

1. 亚声速喷管的组成和工作原理

亚声速喷管又称收敛喷管,是沿燃气流动方向截面积逐渐缩小的尾喷管。收敛喷管具有结构简单、重量较轻、工作稳定、调节方便等优点,按调节方式又可分为固定收敛喷管和可调收敛喷管。

当前,大型民航机的飞行速度大多为高亚声速,所以其动力装置都采用固定收敛型的亚声速喷管。亚声速喷管由排气管(中介管)和喷口组成。排气管包括壳体、后整流锥和支板三个部分,如图 7-4 所示。典型发动机的喷管组件如图 7-5 所示。

排气管安装在涡轮的后面,其作用是为燃气提供一个扩张的流动通道并使燃气减速,以减少摩擦损失(见图 7-6)。后整流锥把环形的燃气通路逐渐过渡成圆形的,以减少涡流损失。支板可使方向偏斜的气流变为轴向流动,以减少流动损失。喷口是收敛型的管道,使燃气加速,以获得较大的推力。因此,在排气管内燃气减速增压,在喷口内燃气加速降压。

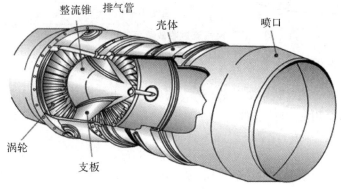

整流锥 排气管 壳体 喷口

涡轮

支板

图 7-4 亚声速喷管

图 7 - 5　喷管组件

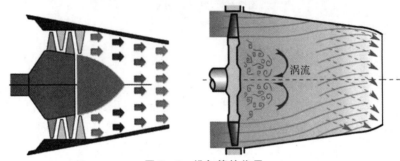

图 7 - 6　排气管的作用

以下公式和符号的下标 4 代表喷管进口截面,下标 5 代表喷管出口截面,燃气流过收敛喷管的参数变化如图 7 - 7 所示。

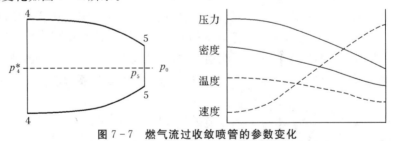

图 7 - 7　燃气流过收敛喷管的参数变化

2. 亚声速喷管的主要性能参数

(1)可用落压比。喷管进口处的总压 p_4^* 与喷管出口外的反压 p_0(外界大气压力)的比值称为可用落压比,用 π_b^* 表示,即

$$\pi_b^* = \frac{p_4^*}{p_0} \tag{7-1}$$

(2)实际落压比。喷管进口处的总压 p_4^* 与喷管出口处的静压 p_5 的比值称为实际落压比,用 π_e^* 表示,即

$$\pi_e^* = \frac{p_4^*}{p_5} \tag{7-2}$$

实际落压比和可用落压比之间的关系是:实际落压比可以等于或小于可用落压比,但是实际落压比不能大于可用落压比,这是因为收敛喷管出口处的静压可以大于或者等于反压。

(3)喷管的总压恢复系数。燃气在流过喷管时不可避免地存在流动损失,使气流的总压有所下降,一般用总压恢复系数来描述总压损失的多少。总压恢复系数是指喷管出口处的总压 p_5^* 与喷管进口处的总压 p_4^* 之比,用 σ_e 表示,即

$$\sigma_e = \frac{p_5^*}{p_4^*} \tag{7-3}$$

(4)喷气速度。影响喷气速度的因素有喷管进口总温、喷管实际落压比和流动损失。当喷管落压比和流动损失保持不变时,喷管进口总温越高,则喷气速度越高。当喷管进口总温和流动损失保持不变时,喷管落压比越高,则喷气速度越高。当喷管落压比和喷管进口总温保持不变时,流动损失越小,则喷气速度越高。

3.收敛喷管的3种工作状态

收敛喷管的工作状态有亚临界工作状态、临界工作状态和超临界工作状态3种,见表7-1。

表 7-1　收敛喷管的3种状态

亚临界状态	$\dfrac{p_4^*}{p_0} < \dfrac{p_4^*}{p_{cr}} = 1.85$	$p_5 = p_0 > p_{cr}$	$M_5 < 1$	完全膨胀
临界状态	$\dfrac{p_4^*}{p_0} = \dfrac{p_4^*}{p_{cr}} = 1.85$	$p_5 = p_0 = p_{cr}$	$M_5 = 1$	完全膨胀
超临界状态	$\dfrac{p_4^*}{p_0} > \dfrac{p_4^*}{p_{cr}} = 1.85$	$p_5 = p_{cr} > p_0$	$M_5 = 1$	不完全膨胀

(1)当可用落压比 π_b^* 小于 1.85,即 $\dfrac{p_4^*}{p_0} < \dfrac{p_4^*}{p_{cr}} = 1.85$ 时,喷管处于亚临界状态。这时喷管出口气流马赫数 M_5 小于 1,出口静压 p_5 等于反压 p_0,实际落压比等于可用落压比,是完全膨胀。所以定义:喷管出口反压大于气流的临界压力 p_{cr},喷管内和喷管出口处气流的速度全部为亚声速气流的工作状态为亚临界工作状态。

(2)当可用落压比 π_b^* 等于 1.85,即 $\dfrac{p_4^*}{p_0} = \dfrac{p_4^*}{p_{cr}} = 1.85$ 时,喷管处于临界状态。这时喷管出口气流马赫数 M_5 等于 1,出口静压 p_5 等于反压 p_0,实际落压比等于可用落压比,都等于临界压力比 $\dfrac{p_4^*}{p_{cr}}$,是完全膨胀。所以定义:喷管出口反压等于气流的临界压力 p_{cr},喷管出口处气流的速度等于声速的工作状态为临界工作状态。

(3)当可用落压比 π_b^* 大于 1.85,即 $\dfrac{p_4^*}{p_0} > \dfrac{p_4^*}{p_{cr}} = 1.85$ 时,喷管处于超临界状态。这时喷管出口气流马赫数 M_5 等于 1,出口静压 p_5 等于临界压力 p_{cr} 而大于反压 p_0,实际落压比小于可用落压比,是不完全膨胀。

4.喷管的目视检查

对喷管进行目视检查时,需要检查喷管有无裂纹、变形等损伤。喷管裂纹损伤如

图 7 - 8 所示。

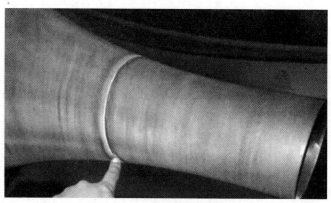

图 7 - 8　喷管的目视检查

5.喷管维护注意事项

发动机工作时会吸入大量空气,排出高温、高速燃气,并产生很大噪声。发动机的进气危险区在前面章节已经做过介绍,这里介绍典型飞机发动机的排气危险区(见图 7 - 9)。不同的发动机,在其飞机维护手册中,对这些区域都有具体的规定。要严格遵守安全注意事项,避免进入危险区造成人身伤害。危险区域的范围大小与发动机的功率状态有关,功率越大,范围就越大。在慢车功率状况下发动机涡轮排气和风扇排气速度很快,发动机的排气流会将松散的石块和其他物体吹起。在起飞功率状态下,排气速度更快,甚至能吹翻车辆和工作台。

发动机慢车工作期间注意遵守安全注意事项,接近发动机的安全通道时建议系上安全带、佩戴防护耳罩,地面维护人员必须与驾驶舱试车人员保持密切沟通。发动机在高于慢车功率时不能接近。

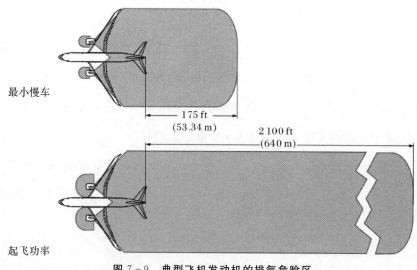

图 7 - 9　典型飞机发动机的排气危险区

7.2.2 超声速喷管

1. 超声速喷管的组成和工作原理

超声速喷管是一个先收敛后扩张形的管道(见图 7-10)。

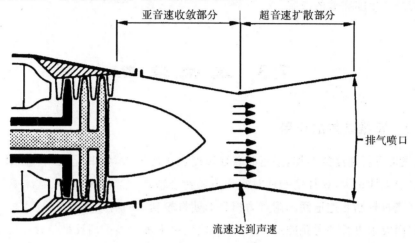

图 7-10 超声速喷管

收敛段的出口现在已成为喉部,而出口则在喇叭形扩散段的末端。当燃气进入喷管的收敛段时,速度增加,静压相应降低。在可用落压比足够大的情况下,燃气到达喉部时速度可增加至当地声速。燃气离开喉部流入扩散段时,速度仍不断增加,加速到超声速。

2. 超声速喷管的气流流动状态

要建立一定马赫数的超声速流动,就必须有一定的管道面积比。但这仅仅是一个必要条件,具备该条件后,能否实现超声速流动,还要由气流本身的总压和一定的反压条件来决定。如果总压保持不变,反压下降对收敛-扩张形喷管流动的影响如下。

(1)反压等于总压时,各截面上的压力均相等,喷管的气体没有流动。

(2)反压小于总压时,在上下游压差的作用下,喷管内气体流动,但流速较低,质量流量较小。

1)反压不断下降,到喷管喉部的压比达到临界压比时,喉部气流达到声速,由于反压值大于喉部压力,气流在扩散段压力重新回升。到出口截面,气流压力等于反压,扩张段仍为亚声速流动。

2)反压继续降低,气流流过喉部以后达到超声速,在扩张段的某个截面形成一道正激波。继续降低反压,扩张段内激波位置后移,当正激波移至喷管出口处时,喷管扩张段全部为超声速气流。

3)反压继续降低,激波移出喷口变成斜激波系,喷管内流动不再随反压变化。

4)反压降到某一数值时,出口截面气流压力恰好等于反压,出口不产生激波。反压继续降低,出口截面处气流压力大于反压,喷管外产生膨胀波。

因此,收敛-扩张型喷管气流流动状态可划为 4 种类型:

(1)亚声速流态;

(2)管内产生激波的流态;

(3)管外产生斜激波的流态;

(4)管外产生膨胀波的流态。

7.3 反 推 装 置

7.3.1 反推装置的作用

随着飞机飞行速度的增加,降落时着陆速度也相应增大,尤其是民用飞机体积大、重量大,着陆时的惯性也大,这样滑跑的时间和距离就会增加。当跑道潮湿、结冰或被霜雪覆盖时,可能因飞机轮胎和跑道间的附着力损失而使机轮刹车的有效性降低,使飞机所需滑跑距离更长,因而要求更长的滑跑跑道。因此,现代民用飞机上多采用反推装置。反推装置通常在飞机着陆时以及中断起飞过程中使用。它是通过改变发动机的排气方向,即将涡轮后膨胀的一部分(或全部)燃气流或风扇出口的空气流转折一定的角度,向斜前方喷出。因为排气反作用力与飞机飞行方向相反,也就是产生了附加的制动力,所以可以迅速降低飞机在地面的滑跑速度,有效地缩短滑跑距离(见图 7-11)。在军用方面,使用反推装置不仅可以缩短飞机着陆滑跑距离,而且还能大大提高飞机的作战效能;在民用方面,使用反推装置是为了使着陆滑跑距离更短,也就是可以在更短的跑道上实现飞机降落,这对于民航机场建设具有较高的经济价值。

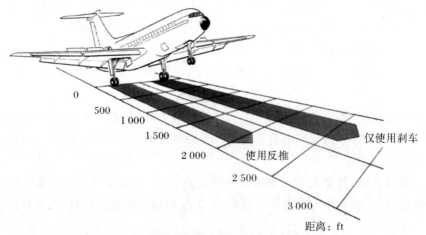

图 7-11 使用反推和仅使用刹车的着陆滑跑距离比较

反推装置的设计要求是:在保证发动机安全正常工作的前提下获得最大的反推力;反推装置不工作时,不增大飞机的阻力,不减小发动机的推力,排气口应有良好的密封性;力求结构简单,质量轻,操纵灵活,发动机在正常工作状态与反推工作状态之间相互转换所需的时间短;合理选择排气方向,力求不产生非对称的反推力,保证飞机操纵的稳定性,气流不能喷到机翼或机身上,也不能被发动机重新吸入;热气流反推装置能够在高温、大负荷的条件下可靠工作。

7.3.2 反推装置的工作原理

反推装置使发动机正常排气流的流动方向发生大于90°的转折,从而在与正常推力相反的方向上产生推力分量,以达到使飞机减速的目的。

通常,反推装置将排气系统的气流转折向斜前方(约45°左右)排出而产生反向推力(见图7-12),反推力的大小与折转的气流流量、排气速度、折转角和飞行速度等有关。

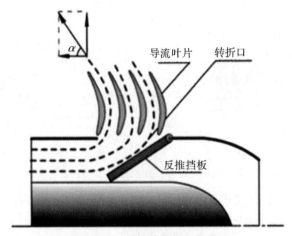

图 7-12　反推装置的工作原理

在涡轮喷气发动机和小涵道比涡扇发动机中,反推装置一般安装在尾喷管之后。在现代高涵道比涡扇发动机中,由于发动机推力的80%以上是由外涵气流产生的,所以只要将外涵气流反向产生反推力就足够了,也就是将反推装置装在外涵道上。工作时使外涵道冷气流转向而产生反推,内涵道热的燃气流仍然产生正推力,因此,发动机产生的反推力值为两者之差。

7.3.3 反推装置的分类

根据应用情况,反推装置可分为热气流反推和冷气流反推两大类。常用的热气流反推装置有蛤壳型门和铲斗门两种形式,多用于老式低涵道比喷气发动机上。常用的冷气流反推装置包括带有平移罩(也称移动套筒)的格栅式反推和枢轴门式反推两种形式,冷气流反推形式广泛应用于高涵道比的涡扇发动机中。

蛤壳型门式反推装置(见图7-13)常由高压压气机的引气气动操纵,反推工作时由操纵机构将两扇蛤壳式反推力门向后转动,迫使气流折转,经过叶珊通道向斜前方排出,产生反推力。

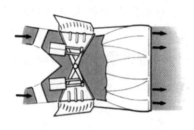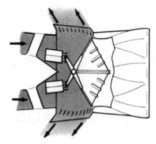

图 7 - 13　蛤壳型门式反推装置

　　铲斗门式反推装置(见图 7 - 14)通常由飞机液压系统操纵,用伸缩式作动器作动。反推工作时作动器向后移动,操纵两个铲斗门(半圆筒形)转到燃气流中,迫使气流向斜前方排出,产生反推力。B737 - 200 飞机的发动机使用铲斗门式反推装置。

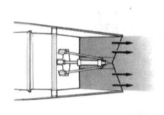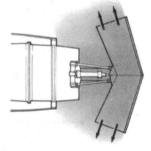

图 7 - 14　铲斗门式反推装置原理图

　　带有平移罩的阻流门-格栅式反推装置(见图 7 - 15)装在外涵道上,由两半反推组成,每半反推都有 C 形涵道,通常为液压操纵或气动操纵,主要部件包括平移罩、液压或气动作动筒、柔性转轴、格栅组件、阻流门、阻流门阻力杆、扭矩盒等。扭矩盒位于前部,形成反推机构的外环并且用作防火墙。风扇排气通道由内套筒和平移罩之间的通道形成,内套筒固定在风扇框架上,平移罩使用滑块在滑轨上前后移动。使用阻流门-格栅式反推装置的发动机有 B737 飞机的 CFM56 - 3/7B 发动机、B767/B747 飞机的 PW4000 发动机和 A320 飞机的 V2500 发动机等。

图 7 - 15　带平移罩的格栅式反推装置

在正推力状态,反推装置处于收进位置,也就是平移罩处于前位时,固定的内套筒和平移罩之间形成平滑的风扇气流通道,风扇排气流过此环形通道向后高速排出机外,产生正推力。当使用反推时,平移罩在反推作动筒的作用下向后移动,同时带动阻力杆,逐渐将阻流门拉起。当平移罩完全展开时,阻流门完全关闭,阻塞了外涵道向后的排气通道,同时格栅通道打开,风扇排气在格栅叶片的引导下向斜前方喷出,从而产生反向的推力。

枢轴门反推装置也是由两个 C 形涵道组成,它有 4 个大的阻流门(每个 C 形涵道上有两个),阻流门可在液压作动筒作用下打开和关闭。当反推收进时阻流门与发动机整流罩齐平,风扇向后排气产生正推力;当阻流门打开时,把外涵道阻塞,使气流按阻流门的方向排出,产生反推力。使用枢轴门型反推装置的发动机有 A319/320/321 飞机的 CFM56-5B 发动机和 A330 飞机的 TRENT700 发动机。图 7-16 所示为 A330 飞机 TRENT700 发动机上的枢轴门式反推装置示意图。

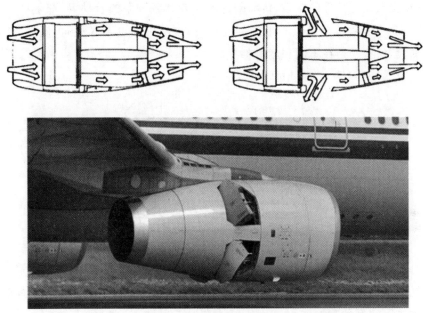

图 7-16 TRENT700 发动机的枢轴门反推装置

7.4 排 气 消 音

1. 消音概述

现代燃气涡轮发动机工作时的噪声高达 110~130 dB(见图 7-17),而人的听觉所允许的极限响度是 120 dB,超过或接近此数值的音响会严重损害人的听力。机场条例和飞机噪声取证要求都约束着允许飞机产生的最大噪声水平,因此,对于燃气涡轮发动机,尤其对旅客机、运输机用的发动机采用消音措施是十分必要的。

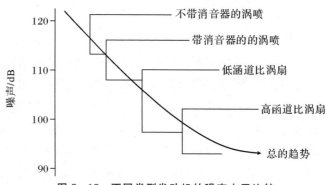

图 7-17　不同类型发动机的噪声水平比较

　　飞机机体自身产生的噪声是飞机整个噪声特性的一个因素,但主要的噪声源是发动机。当发动机工作时,高速排出的气流与周围空气的混合、压气机和涡轮的旋转、燃烧室内燃烧不稳定、发动机及其零部件的振动、传动附件的齿轮和各种泵的转动等,都是产生噪声的根源(见图 7-18)。这些噪声源具有不同的规律,产生的机理也不尽相同,但是,随着相对气流速度的加大,所有噪声在不同程度上都提高。

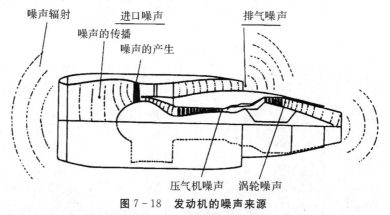

图 7-18　发动机的噪声来源

　　纯喷气发动机和低涵道比涡轮风扇发动机噪声的主要来源是尾喷气流。涡轮和压气机的噪声相比之下微不足道。

　　对于高涵道比涡轮风扇发动机而言,由于排气速度减小,排气流噪声下降,但是由于发动机内部处理的功率较大,使风扇和涡轮噪声加大。在高涵道比涡轮风扇发动机中,决定整个噪声水平的主要噪声源是风扇和涡轮。

　　2.降低噪声的方法

　　降低燃气涡轮发动机噪声的主要方法有使用消音喷管、利用吸音材料和改进发动机的内部设计。对于涡轮风扇发动机,可消音的部位主要包括进气整流罩内壁面、风扇机匣内壁面和喷管内壁面。

　　(1)使用消音喷管。在纯喷气发动机和低涵道比涡轮风扇发动机中,噪声的主要来源是尾喷气流,在推进喷管上,可采用瓣形或波纹形的消声器(见图 7-19)。

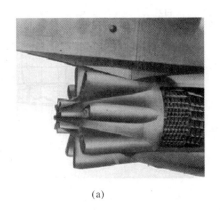

(a)　　　　　　　　　　　　　(b)

图 7-19　消音喷管

(a)瓣形喷管;(b)波纹形喷管

使用消音喷管,可以增大大气与排气流的接触面积,以降低发动机噪声。此外噪声的传播与振动的频率有关,高频振动很容易被大气所吸收,所以高频振动传播的距离不远;而低频振动不容易被大气所吸收,传播的距离较远。利用这个原理,使用消音喷管,变低频振动为高频振动,可以缩小噪声的影响范围。

(2)利用吸音材料。通过减少发动机内部向外传播的噪声能量,可以降低外部感受到的发动机噪声水平。现代民用涡扇发动机通常在发动机内壁面中的进气整流罩内壁面、风扇机匣内壁面和尾喷管内壁面安装吸音材料,将声能转变成热能,以降低发动机噪声,如图7-20所示。

图 7-20　吸音材料

(3)改进发动机内部设计。要降低发动机的内部噪声,可以应用声学原理对发动机内部进行设计。主要措施有:采用无进口导流叶片的单级风扇;加大风扇转子叶片与出口整流叶片之间的距离;合理选择转子叶片与静子叶片数目。

思 考 题

1. 喷管的主要功用？

2. 喷管分为哪两大类？

3. 亚声速喷管的组成及功用是什么？

4. 喷管的实际落压比、可用落压比如何定义？

5. 喷管的总压恢复系数如何定义？

6. 影响喷气速度的因素有哪些？

7. 分别说明收敛型管的 3 种工作状态。

8. 简述反推力装置的功用和类型。

9. 简述反推工作原理。

10. 降低发动机噪声的方法有哪些？

第 8 章　轴承、封严和附件传动

▶学习目标

1. 掌握并理解发动机单转子、双转子和三转子支承方案,熟悉转轴上的联轴器类型。
2. 掌握发动机转子轴承的类型,以及轴承润滑方式。
3. 掌握轴承腔的封严概念以及几种典型的封严方法。
4. 熟悉附件传动装置的主要部件及其位置,了解这些部件的维护注意事项。

本章主要分析发动机的总体结构,包括总体支承方案、轴承、封严以及附件传动等。

在燃气涡轮发动机中,发动机转子是由压气机转子(或风扇)、涡轮转子和连接这些转子的零件所组成。根据转子数目,可以分成单转子、双转子(高压转子和低压转子)以及三转子(高压、中压以及低压转子)。

转子通过支承结构支承于发动机机匣上。转子上承受的各种负荷,如气体轴向力、重力、惯性力及惯性力矩等均由支承结构承受,并传至发动机机匣上,最后由机匣通过发动机安装节传递到飞机构件上。因此,转子轴必须得到足够的支承,发动机主轴承是完成支承的关键功能的构件,其保持转子在位,并使转子旋转。

8.1　转子支承方案

在燃气涡轮发动机中,转子采用多少个支承结构(支点),安排于何处,称为转子的支承方案。一般来说,一根转轴至少要在两处有轴承支承(2 个支点),这样才能保持平衡。当有轴向载荷时,通常在两个支点中一处装滚棒轴承,另一处装滚珠轴承。发动机转子的支承也是这样,滚珠轴承限制转子轴向移动,滚棒轴承允许转子轴向自由移动。当然,当发动机转子比较长时,支点的个数可能会更多。单个转子只在一处设置滚珠轴承,其他各处都是滚棒轴承,以保证转子即可轴向定位,又能轴向自由移动。

在研究转子的支承方案时,均将复杂的转子简化成能表征其特点的简图,且在简图中用小圆圈来表示滚珠轴承,小方块表示滚棒轴承。为了表示转子支点的位置与数目,通常以两条前后排列的横线分别代表压气机转子和涡轮转子,两条横线前、后及中间的数字表示相应位置的支点数目。例如 1-3-0 的转子支承方案,表示压气机转子前有 1 个支点,涡轮转子后无支点,压气机与涡轮转子间有 3 个支点,整个转子共支承于 4 个支点上。

1. 单转子支承方案

大多数单转子发动机都采用如图8-1所示的1-2-0三支点支承方案,在压气机前、后各有一个支点,涡轮盘前有一个支点,涡轮轴前端通过联轴器与压气机连接。

此时,联轴器不但传递扭矩、轴向力,而且也作为涡轮转子的前支点,当涡轮转子与压气机转子不共轴时,涡轮轴也能通过联轴器正常工作。因此,要求联轴器做成铰接形式,使压气机前支点与中支点在一条直线上,中支点与后支点也在一条直线上,两轴线间允许有一个偏斜角。这种支承方案不仅只有一个承受轴向负荷的支点,支点所承受的轴向负荷也很小,而且每个转子均支承于两个支点上,相对刚性较好,所以得到广泛应用。

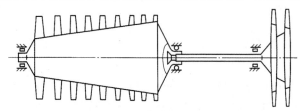

图8-1 1-2-0式转子支承方案简图

2. 双转子和三转子支承方案

目前民航发动机多为双转子或三转子发动机,转子数目多,支承数目多,而且低压转子轴要从高压转子轴中心穿过,结构复杂,但原则上可以将发动机的各转子(低、中、高压转子)分割开来,每个转子按单转子进行分析。与单转子发动机不同的另一点是,多转子发动机有些支点不直接安装在承力机匣上,而是装在另外一个转子上,通过另一转子的支点将负荷外传。由于这个支点是介于两个转子之间的,所以称为中介支点(或轴间支点)。中介支点的轴承则称中介轴承或轴间轴承。采用中介支点可使发动机长度缩短,承力机匣数减少。但是轴间轴承的润滑、冷却和封严要复杂些,轴承的工作条件也较差,如果中介轴承为滚珠轴承,装拆也比较困难。

图8-2为CFM56-3发动机的支承方案。它的两个转子支承于5个支点上,通过两个承力构件将轴承负荷外传,它的低压转子为0-2-1支承方案,高压转子为1-0-1支承方案,高压涡轮后轴通过4号中介支点支承于低压涡轮轴上。这种将高压转子支承于低压转子的结构,能够取消高压涡轮前后的承力结构,使发动机结构简单、重量轻,因而被许多发动机采用。

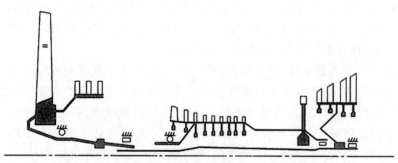

图8-2 CFM56-3发动机转子支承方案

图 8-3 为 PW4000 发动机转子支承方案,低压转子为 0-2-1 方案,高压转子为 1-1-0 方案,5 个支点支承于 3 个承力机匣上,无中介支点。高压转子采用两支点的支承方案,将涡轮后支点放在涡轮前,缩短了高压轴的长度,有利于控制轴的变形,具有良好的振动特性,同时给低压转子提供了一定的设计裕度,但由于轴承径向尺寸的限制,涡轮轴刚性较小。

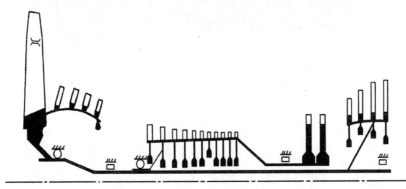

图 8-3　PW4000 发动机转子支承方案

图 8-4 为 RB211 发动机三转子的支承方案。它的 3 个转子共有 8 个支点,通过 4 个承力构件外传。低压转子为 0-2-1 支承方案,中压转子为 1-2-0 支承方案,高压转子为 1-0-1 支承方案。其中低压转子的止推支点(3 号轴承)为中介支点,将低压轴支承于中压压气机后轴内。在整体布局中,将 3 个转子的止推支点集中在一个承力机匣上,使传力路线好。由于转子数目多,只得在涡轮中采用了涡轮级间(高压与中压级间)的承力构件,支承 6 号和 7 号轴承。这种涡轮级间承力构件使发动机长度加大。

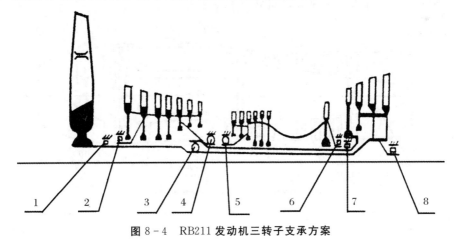

图 8-4　RB211 发动机三转子支承方案

3.作用在转子上的力

作用在转子上的力有很多,例如来自转子的重力、来自燃气流的力、飞机改变方向期间的陀螺力、转子部件的不平衡力等,如图 8-5 所示。所有作用在轴承上的力是轴向和径向的,径向力传递在任何方向,轴向力在前后方向传递。

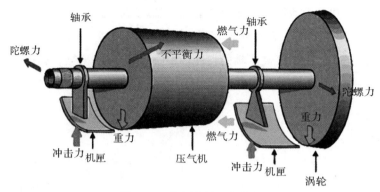

图 8-5　作用在转子上的力

转子上的止推支点除了承受转子的轴向负荷、径向负荷外,还决定了转子相对机匣的轴向位置,因此每个转子只能有一个止推支点。由于止推支点的负荷较大,一般应该位于温度较低且传力路线较短的地方。例如,在两支点的转子上,止推支点应该是转子的前支点;在三支点的结构中,一般是中间支点。这种安排不仅使轴承温度较低,也使转子相对机匣的膨胀量分配在压气机和涡轮两端,使两端的轴向位移量较小。

4.发动机转子轴向力的减荷

图 8-6 给出了典型发动机在地面工作状态时,发动机各组合件上的气体轴向力,可以看出进气道、压气机、燃烧室产生的力是向前的,涡轮、喷管产生的力是向后的。向前的力减去向后的力就等于发动机推力。其中以压气机产生的力所占的比例最大。由于发动机各截面气流参数是随着飞机飞行速度、高度以及发动机工作状态的变化而改变的,因此,发动机各部件上轴向力的大小及比例随发动机状态的变化而变化。

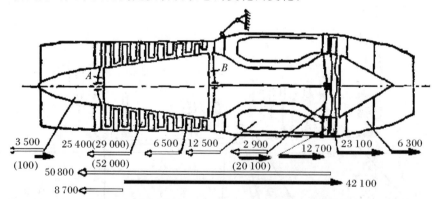

	进气锥	压转子	压静子	燃烧室	轴承机匣	涡静子	涡转子	尾喷
卸荷前	−100	+52 000	+6 500	+12 500	−20 100	−12 700	−23 100	−6 300
B腔通大气	−100	+29 000	+6 500	+12 500	+2 900	−12 700	−23 100	−6 300
A腔增压	+3 500	+2 5400	+6 500	+12 500	+2 900	−12 700	−23 100	−6 300

图 8-6　典型发动机各组合件上的气体轴向力(单位:daN①)

---

①　1 daN=10 N。

从图中可以看出,压气机转子及涡轮转子上的轴向力都是很大的,如果这两个转子都单独通过自己的止推轴承来承受轴向负荷,将使止推轴承负荷很大。一般每个球轴承可承受 10～30 kN 的轴向力,这样就需要大大增加止推轴承的数量,使发动机的结构复杂,重量增加,并难于保证每个轴承的负荷均匀。

为了减少该发动机转子的轴向力,可采用如下措施。

(1)将渗入 B 腔的高压空气通入大气,使该腔的气体压力下降至 130～160 kPa,此时压气机转子的轴向力可从 520 kN 降至 290 kN。

(2)从第五级压气机后引气至 A 腔,使压气机转子的轴向力从 290 kN 降为 254 kN。

(3)由于涡轮转子的气体轴向力与压气机转子相反,把两个组合件轴向相联,可以抵消大部分轴向力,这时整个转子剩余的轴向力为 $254-231=23(kN)$。

5. 联轴器

联轴器是将压气机转子和涡轮转子连成一体的组合件。联轴器传递的负荷取决于转子支承方案,在不同的转子支撑方案中,有的联轴器仅传递扭矩,有的联轴器传递扭矩和轴向力,还有的联轴器需要传递扭矩、轴向力和径向力。联轴器结构设计应满足传递负荷的要求,并能保证在不共轴条件下可靠工作以及拆装方便。联轴器可分为刚性联轴器和柔性联轴器两大类。

(1)刚性联轴器。刚性联轴器能将涡轮轴和压气机轴刚性地连成一体,传递扭矩、轴向力。刚性联轴器常见形式有套齿式和短螺栓连接式。

PW4000 发动机低压转子采用的是三支点支承方案,连接低压涡轮轴与风扇轴的低压联轴器为套齿式刚性联轴器,如图 8-7 所示。联轴器由 A、B 两个圆柱面定心,套齿传递扭矩,大螺母轴向拉紧传递涡轮轴与风扇轴的轴向力。

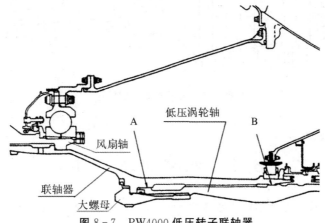

图 8-7　PW4000 低压转子联轴器

在现代涡轮风扇发动机中,当高压转子后端通过中介轴承支承于低压转子上时,为避免低压转子工作不稳定对高压转子造成的影响,在低压转子三支点的支承方案中,低压涡轮转子和风扇转子间普遍采取套齿式刚性联轴器,如 CFM56 系列发动机。

在 RB211、CFM56 等发动机的高压转子上,压气机后轴与涡轮轴间采用了圆柱面定心、短螺栓连接的刚性联轴器。图 8-8 为 CFM56 发动机高压转子的刚性联轴器结构图。高压压气机后轴与涡轮轴分别与封严盘的前后端面接触,以轴的外圆柱面与封严盘的凸缘配合定心,三者之间用短螺栓连接。为便于安装,螺栓先固定于压气机后轴上,当涡轮转子装上后,在涡轮盘孔心处用工具将自锁螺母拧紧到各螺栓上即可。

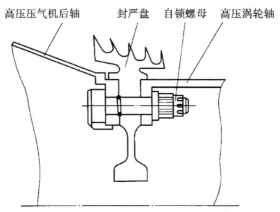

图 8-8　CFM56 发动机高压转子的刚性联轴器

(2)柔性联轴器。在发动机工作时,允许涡轮转子相对压气机转子轴线有一定的偏斜角,这种结构的联轴器称为柔性联轴器,如图 8-9 所示。柔性联轴器能够传递扭矩、轴向力和径向力,并且在压气机与涡轮两个转子的轴线不同心时,仍能保证良好的工作。柔性联轴器种类繁多,一般可分为带有球形接头的套齿联轴器、带半球形接头的套齿联轴器、浮动套齿联轴器和带浮动球形垫圈的套齿联轴器等。

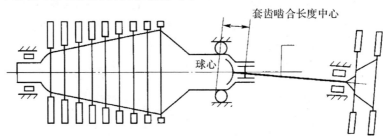

图 8-9　发动机柔性联轴器

8.2　发动机主轴承

发动机的转子通过支承结构支承于发动机承力构件上,并将转子的各种负荷传递到承力机匣上。支承结构包括轴承、对轴承进行润滑与冷却的滑油供入及回油结构、防止滑油漏入气流通道和防止高温气体漏入轴承腔的封严装置等。

1.轴承的类型

航空发动机中使用轴承将发动机转子和静子部件连接到一起。装于发动机转子上的轴承一般称为发动机主轴承,以与附件传动中采用的轴承相区别。

根据摩擦力的性质,轴承可以分为滑动轴承和滚动轴承。滚动轴承按滚动体种类不同,又可分为滚珠轴承和滚棒轴承。滚棒轴承也可再细分为圆柱滚棒轴承和圆锥滚棒轴承等,如图 8-10 所示。滑动轴承一般用在低速重载工况条件下,或维护保养及加注滑油困难的运转部位。滚动轴承摩擦系数小、轴向尺寸小、需要用的滑油量小、低温下易于启动,且能在短时间内无滑油的条件下工作,因此,航空燃气涡轮发动机转子的轴承普遍采用滚动轴承(见图 8-11)。

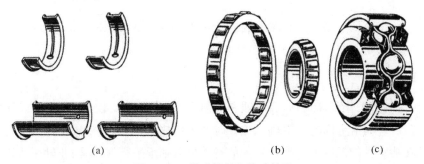

(a)　　　　　　　　　(b)　　　　　　　　　(c)

图 8-10　滑动轴承和滚动轴承

(a)滑动轴承;(b)滚棒轴承;(c)滚珠轴承

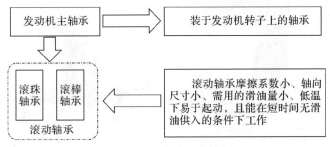

图 8-11　发动机主轴承

滚动轴承是基于滚动接触原理而设计的,一般由内圈、外圈、一组滚动体(滚珠或滚棒)和保持架组成。内圈通常装在轴上与轴紧密配合,并与轴一起旋转。内套圈外表面上有供滚珠或滚棒滚动的沟槽,称内沟。外圈通常在轴承座或机械壳体上,与轴承座孔成过渡配合,起支撑滚珠和滚棒的作用。外圈内表面也有供滚珠或滚棒滚动的沟槽,称外沟。滚动体在内圈和外圈的滚道之间滚动,在旋转的过程中允许其发生相对运动,滚动体的大小和数量决定着轴承的承载能力。保持架把轴承的一组滚动体均匀相互隔开,以免碰撞和摩擦,并使每个滚动体均匀和轮流地承受相等的载荷。

滚动轴承的分类方法很多,按照滚动体的不同,可分为滚珠轴承和滚棒轴承;按照承受载荷的方向不同,可分为径向轴承、止推轴承和径向止推轴承三大类。径向轴承又称向心轴承,只能承受径向载荷;止推轴承又称推力轴承,只能承受轴向载荷;径向止推轴承又称向心推力轴承,同时承受径向载荷和轴向载荷。图 8-12 为径向轴承(a)、止推轴承(b)和径向止推轴承(c)的结构示意图。

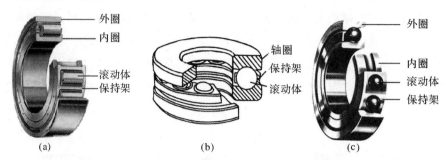

图 8-12　径向轴承、止推轴承和径向止推轴承

(a)径向轴承；(b)止推轴承；(c)径向止推轴承

2. 轴承的润滑

发动机主轴承工作在高负荷、高转速和高温下，工作条件比较恶劣，要很好地解决轴承材料的强度、冷却润滑等问题。对轴承工作时产生的热量，均采用供入滑油的方法来带走热量，使轴承在能承受的温度下工作。供入的滑油也对轴承进行润滑，防止轴承表面的摩擦磨损与锈蚀。滑油供入轴承的方法通常有两种：直接润滑法和间接润滑法，如图 8-13 所示。

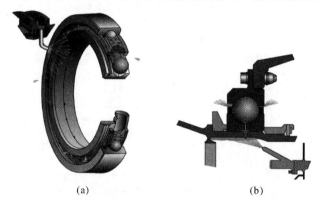

图 8-13　轴承的润滑

(a)直接润滑；(b)间接润滑(从底部润滑)

直接润滑法通过一个标定孔供应一定温度和压力的滑油，孔的尺寸决定了在各种工况下的流量。间接润滑是滚道下润滑方法，将滑油喷雾在空心转子轴的内壁，由于离心力，滑油滞留在壁上，然后通过轴和轴承内滚道上的孔向外流动，在保持架离开轴承。这种方法比直接润滑带走较多热量。滑油应由回油泵抽回油箱，经冷却、过滤后再重新供给轴承。

3. 挤压油膜轴承

在某些发动机上，为了尽量减少从旋转组件传向轴承座的动力负荷的影响，采用了挤压油膜结构。在轴承外圈和轴承座之间留有很小的间隙，该间隙中充满了滑油，该油膜阻尼了旋转组件的径向运动及传向轴承座的动力载荷，因此减小了发动机的振动及疲劳损坏的可能性。图 8-14 为某种挤压油膜结构的轴承。

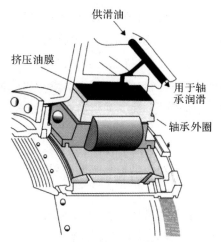

图 8 - 14　某种挤压油膜结构的轴承

8.3　封　严

1. 轴承腔的封严

轴承在工作过程中需要大量滑油来冷却、润滑,但要防止滑油漏入气流通道。另外,涡轮燃气通道中的高温燃气也不能向轴承腔泄漏,否则会对滑油有一定的影响。为此,应对轴承腔采取一定的封严措施,即把轴承的工作腔与外界的气流通道之间用封严装置隔开,这个靠封严装置与外界气流通道隔开的轴承工作腔就叫做轴承腔,也叫油槽。一个轴承腔内可以有一个或多个轴承。图 8 - 15 为轴承腔的封严结构示意图。

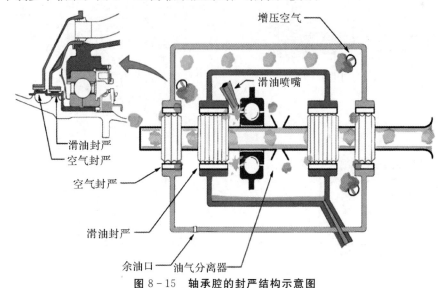

图 8 - 15　轴承腔的封严结构示意图

轴承腔是一个封闭的增压空间,有供油、回油和通风管路与它相连。封严空气可穿过封严装置而进入轴承腔的内部,给轴承腔增压,轴承腔增压有利于轴承腔回油。为了保持轴承腔内有合适的压力,腔内的气体还得排出腔外,否则,若腔内压力太高,就会影响轴承腔的供油。为了保持轴承腔内外有一定的压差,轴承腔一般都有一个通风系统,负责把轴承腔内的气体排出腔外。设计通风能力时,既要保持有足够的封严空气进入轴承腔,以保证封严的效果,同时还应该保证用尽可能少的封严空气,以减少对发动机性能的影响。通风系统排出的气体中含有滑油,所以,这些气体要经过油气分离后,才能最终排到发动机机体外。

2.封严装置

封严装置的作用是防止滑油从发动机轴承腔漏出,以及控制冷却气流和防止主气流的燃气进入封严腔。

在燃气涡轮发动机上使用了多种封严方法,常用的有篦齿式、浮动环式、液压式、石墨式(碳封严)、刷式。选择何种封严方法取决于周围的温度和压力、可磨蚀性、发热量、重量、可用的空间、易于制造、安装及拆卸。常见的封严设计如图 8-16 所示。

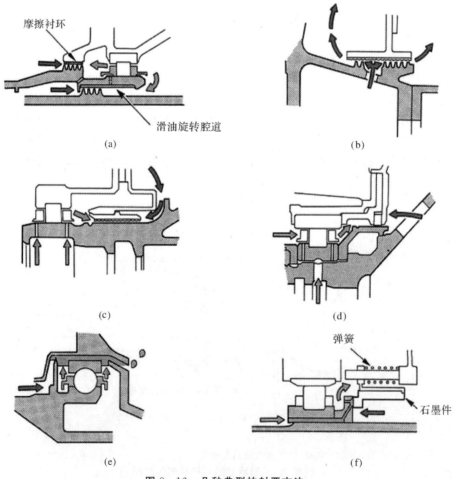

图 8-16　几种典型的封严方法

(a)液体和摩擦衬环篦齿封严;(b)篦齿式空气封严;(c)螺纹式(篦齿式)滑油封严;
(d)浮动环式滑油封严;(e)轴间液压封严;(f)石墨封严件

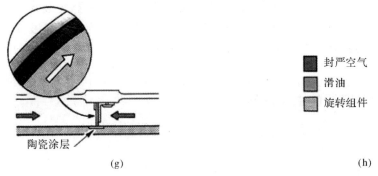

■	封严空气
▨	滑油
▨	旋转组件

陶瓷涂层

(g)　　　　　　　　　　　　　　　　　　　　(h)

续图 8-16　几种典型的封严方法

(g)刷式封严件；(h)说明

(1)篦齿封严件。属于非接触式的封严装置，广泛用来挡住轴承腔中的滑油，还可用作控制内部空气流的限流装置。篦齿封严件包括一个带篦齿的旋转件和一个静止的座孔，座孔嵌衬有一层柔软的可磨材料衬带或装上一个耐高温的蜂窝结构。在发动机运转时，封严齿轻轻地摩擦并切入这个衬带，使它们之间的间隙成为最小。当它用于轴承腔封严时，要求轴承腔的压力低于腔外压力，外腔中压力较高的空气通过篦齿与封严环间的间隙向内逸流，阻止了滑油的外泄。

(2)浮动环封严装置。有一个金属环，安置在静止机匣紧密结合的槽中。在油腔的内外压差的作用下，浮动环紧贴在槽座的端面上，形成了径向间隙和端面接触式的混合封严装置。该环和旋转轴之间的正常运转间隙比篦齿封严件所能达到的间隙小。它不适用于高温区，由于高温会使滑油结焦，导致环形件卡在机匣中。

(3)液压封严件。常常用于两个旋转件之间来封严轴承腔。它与篦齿式或浮动环封严件的不同之处在于不允许受控的空气流穿过封严件。液压封严件由一个封严齿浸在一个滑油带中形成，这个滑油环带是由离心力造成的。轴承腔内外的任何空气压差由齿两侧的滑油油面差补偿。

(4)石墨封严件。含有一个静止的石墨环构件，不断与旋转轴的套环相摩擦，利用弹簧的弹性力或磁铁的磁性力使石墨与套环保持良好接触，不允许任何滑油或空气漏过。

(5)刷式封严件。有一个由许多细钢丝制成的刷组成的静子环，不断与旋转轴相接触，与硬的陶瓷涂层相摩擦，其优点是可以承受径向摩擦而不增加渗漏。

8.4　附件传动装置

在燃气涡轮发动机上，不仅有压气机、燃烧室、涡轮等主要部件，还有一些保证发动机正常工作的各种附属系统，如燃油系统、滑油系统等。在这些系统中，有一些附件如燃油泵、滑油泵等需要由发动机来驱动。由于这些附件大部分只能装在发动机机匣外面，因此需要通过一些齿轮系和传动轴将发动机的功率按照一定的转速和转向传给各附件，这些齿轮和传动轴就组成了附件传动装置。

附件传动装置用于传递功率。在启动发动机时，它将启动机功率传给和带动发动机，待发动机到达慢车转速后,将发动机功率传给装在发动机上的各种附件的齿轮装置,附件装置应满足各种附件对转速、转向、传动功率等的要求。附件传动装置还为飞机液压、气压和电气系统提供动力,为发动机有效工作提供各种泵和控制系统的动力。因此,要求传动系统具有极高的可靠性。

8.4.1　附件传动装置的主要部件

附件传动装置一般分为内部齿轮箱、中间齿轮箱和外部齿轮箱三部分。RB211-535E4发动机附件传动装置的布局如图8-17所示。

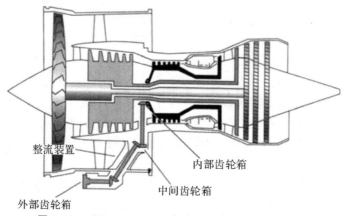

整流装置

内部齿轮箱

中间齿轮箱

外部齿轮箱

图8-17　RB211-535E4发动机附件传动装置的布局

1.内部齿轮箱

内部齿轮箱也称为进口齿轮箱,一般处在发动机的核心部位,其位置安排有些困难,既要让一根传动轴能径向外伸,又要在发动机核心里面取得可用的空间。对于双转子涡轮风扇发动机,一般由启动机带动高压转子,高压压气机与内部齿轮箱相连接。

热疲劳以及由于径向驱动轴对燃气流干扰而降低发动机的性能,在涡轮区比在压气机区产生的问题更大。对于装轴流式压气机的任何发动机,涡轮包容区域总是小于压气机区域,因此在机械上将齿轮箱装在压气机段比较容易。离心式压气机的发动机可用空间有限,因此内部齿轮箱可以装在固定的前锥体之内。典型的内部齿轮箱如图8-18所示。

图8-18　内部齿轮箱

2. 中间齿轮箱

中间齿轮箱也称为转换齿轮箱,在不可能直接将径向驱动轴与外部齿轮箱连接的时候,就要使用中间齿轮箱。为了解决这个问题,中间齿轮箱可安装在高压压气机机匣上,并通过伞齿轮来改变通向外部齿轮箱的传动方向。典型的转换齿轮箱如图 8-19 所示。

转换齿轮箱

图 8-19　转换齿轮箱

3. 外部齿轮箱

外部齿轮箱也称为附件齿轮箱,其常见位置如图 8-20 所示。外部齿轮箱的总体布置由很多因素决定。要减少飞机飞行中的阻力,减小迎风面积是非常重要的。为了维护方便,外部齿轮箱通常位于风扇机匣外侧,以方便地勤人员接近。但是直升机的安装设计则通常要求将齿轮箱安装在发动机上部才易于接近。

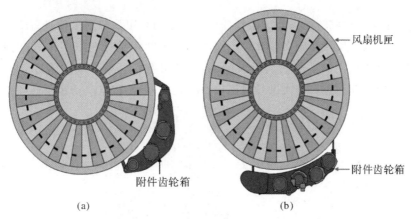

风扇机匣

附件齿轮箱

附件齿轮箱

(a)　　　　　　　　　　　　(b)

图 8-20　附件齿轮箱的常见位置

(a)附件齿轮箱在左侧;(b)附件齿轮箱在底部

外部齿轮箱包括各附件的传动装置和来自启动机的传动装置,为各附件装置提供安装座。做孔探检查等维护工作,可以通过附件齿轮箱,人工驱动高压转子转动。

8.4.2 结构、安装和维护注意事项

1. 齿 轮

附件装置的转速较高,通常在 5 000~6 000 r/min 之间,而油气分离器则为 20 000 r/min 左右。为保证齿轮上的每一个齿在每转一圈时不与它对应的齿再度啮合,所有齿轮的啮合都设计为不规则的齿轮传动比。这样可以将磨损均匀地分布到所有的齿上。为了减轻重量,要采用尽可能轻的材料。

2. 齿轮箱封严

附件驱动系统的封严主要目的是防止滑油流失。内部齿轮箱在静止的机匣与旋转的压气机轴的配合处用篦齿式封严。对于装在外部齿轮箱上的某些附件,有些采用碳封严,有些采用吹风增压的篦齿式封严。当某个附件损坏时,可防止滑油从齿轮箱进入附件装置。

3. 安 装

由于发动机的许多附件要定期或不定期地拆卸和检查,因此要求附件方便拆装,通常有 3 种途径将附件安装在附件齿轮箱上:用螺栓连接、通过 V 型夹或者快卸环(Quick Attach Detach, QAD)连接。使用 V 型夹和快卸环可以方便和快速地拆卸和安装附件。

4. 维护注意事项

(1)金属屑的检查与附件安装。附件传动装置内齿轮和轴承较多,在日常发动机磁堵金属屑检查中,应注意是否有关键部件的轴承齿轮材料碎屑,并采取合适的监控措施。在附件传动装置安装各附件时要注意安装到位,确保碳封严安装状况良好,避免发生滑油渗漏事件。

(2)人工驱动发动机转子操作。手摇曲柄传动座的功用是转动发动机高压转子,用于孔探检查高压压气机叶片和高压涡轮叶片。对高压转子叶片进行孔探工作时,先拆卸手摇曲柄传动座堵盖(见图 8-21),然后两个人配合,一人用专用工具驱动高压转子,另一人操作孔探仪执行孔探检查。当一个人进行孔探检查时,也可以使用电动马达驱动高压转子。

手摇曲柄座

图 8-21 典型发动机的手摇曲柄座

无论是人工驱动还是使用电动马达驱动高压转子,在使用前都必须明确手摇曲柄传动座驱动轴转动的圈数和高压转子转动圈数的关系,保证所要检查的高压转子叶片能够全部覆盖,避免部分叶片漏检。完成检查工作后,按手册要求更换相应密封圈,安装手摇曲柄传动座堵盖,并按需试车进行渗漏检查,确保没有滑油渗漏。

8.4.3 CFM56-7B 发动机附件传动介绍

在发动机启动时,附件驱动系统将气动启动机的动力传送到核心发动机。当发动机运转时,附件驱动系统提取核心发动机的动力,并通过齿轮箱和驱动轴驱动发动机和飞机附件。附件驱动主单元体安装于发动机风扇机匣的左侧(从后往前看),包括进口齿轮箱(Inlet Gear Box,IGB),径向驱动轴(Radial Drive Shaft,RDS),转换驱齿轮箱(Transfer Gear Box,TGB),水平驱动轴(Horizontal Drive Shaft,HDS),附件齿轮箱(Accessory Gear Box,AGB),如图 8-22 所示。

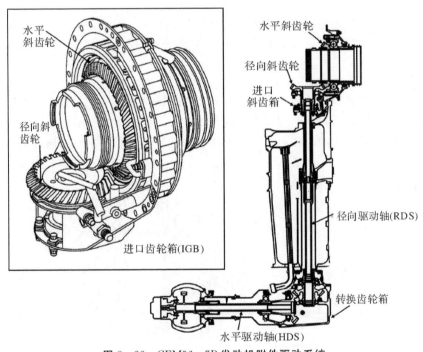

图 8-22 CFM56-7B 发动机附件驱动系统

1. 进口齿轮箱

进口齿轮箱位于风扇框架油槽内,通过螺栓连接到风扇框架后安装边上。其主要部件有水平斜齿轮、径向斜齿轮和 3 号轴承,如图 8-23 所示。

水平斜齿轮有 47 个齿,用花键连接到高压压气机前轴上,由 3 号轴承锁定螺帽固定。水平斜齿轮和径向斜齿轮相互啮合,径向斜齿轮有 35 个齿,通过内花键连接到径向驱动轴,可传递转动力矩到转换齿轮箱。

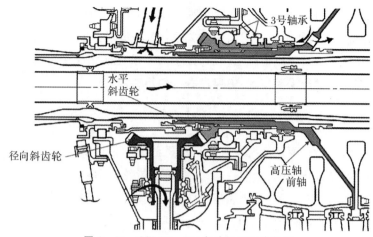

图 8-23　CFM56-7B 发动机进口齿轮箱

2. 径向驱动轴

径向驱动轴在进口齿轮箱和转换齿轮箱之间传递动力,如图 8-22 所示。其安装在风扇框架 10 号支柱内部,径向驱动轴是空心的,采用钢合金材料。

3. 转换齿轮箱

转换齿轮箱能为进口齿轮箱和附件齿轮箱之间提供动力转换。它主要包括转换齿轮箱壳体、输入斜齿轮和水平斜齿轮,如图 8-24 所示。齿轮箱壳体是双层壁铝合金铸造件。输入齿轮有 31 个齿,通过花键与径向驱动轴相连。水平斜齿轮有 32 个齿,通过花键与水平驱动轴相连。

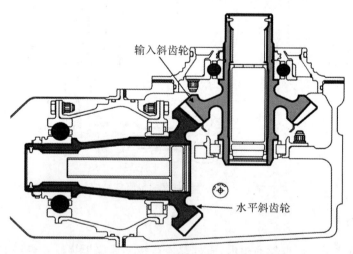

图 8-24　CFM56-7B 发动机转换齿轮箱

4. 水平驱动轴

水平驱动轴在转换齿轮箱和附件齿轮箱之间传递动力,如图 8-22 所示。其采用钢合金材料,水平驱动轴通过花键分别与转换齿轮箱和附件齿轮箱相连。

5.附件齿轮箱

附件齿轮箱用于支撑和驱动飞机和发动机附件,安装在风扇框架左侧,其壳体由铝合金铸造。

附件齿轮箱前安装面安装的部件有液压泵、整体驱动发电机、启动机、手摇驱动装置、EEC 发电机等,如图 8 - 25(a)所示。附件齿轮箱后安装面安装的部件有润滑组件、滑油回油滤、燃油泵和液压机械装置等,如图 8 - 25(b)所示。

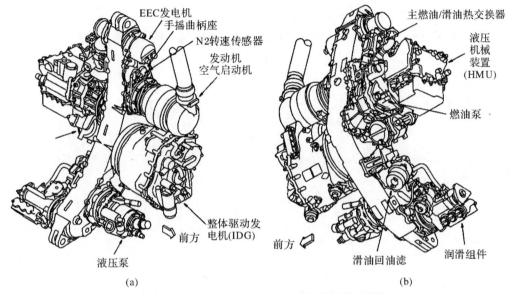

图 8 - 25　**CFM56 - 7B 发动机附件齿轮箱**

(a)AGB 前;(b)AGB 后

动力传递路径是:高压压气机前轴→(花键)→水平斜齿轮→径向斜齿轮→(花键)→径向驱动轴→转换齿轮箱→水平驱动轴→附件齿轮箱→驱动飞机和发动机附件,如图 8 - 26所示。

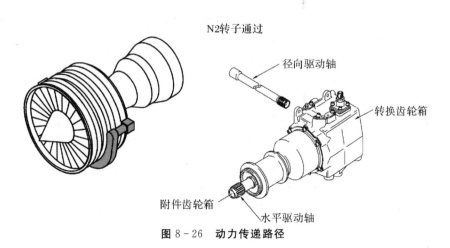

图 8 - 26　**动力传递路径**

思　考　题

1. 什么是转子支承方案?
2. 根据摩擦力的性质,轴承可以分为哪些类型?
3. 封严装置的功用有哪些?
4. 封严件的型式有哪些?
5. 附件驱动系统是如何传递动力的?
6. 在 CFM56 - 7B 发动机中,附件齿轮箱的前后安装面安装有哪些部件?

第9章 发动机特性

▶学习目标

1. 掌握发动机各种工作状态的定义,以及额定平功率和排气温度概念。
2. 熟悉发动机在稳态和过渡态下的共同工作条件和特点。
3. 掌握发动机的转速特性、高度特性和速度特性。

9.1 发动机的工作状态

9.1.1 发动机的状态

飞行中不同的飞行阶段对发动机的推力(功率)有不同要求,因而发动机对应有不同的工作状态。实际飞行中,推力杆在不同的位置(见图 9-1),对应了发动机不同的转速,给定了不同的发动机状态,由发动机推力和燃油消耗率随发动机转速变化曲线,可以得到常见的以下几种发动机状态。

(a)   (b)

图 9-1 典型的推力杆

(a)反推锁杆;(b)推力杆位置

1. 起飞状态

起飞状态是飞机起飞时,发动机在最大转速和最高涡轮前温度时的状态,此时发动机可发出最大推力(功率),也叫最大状态。

发动机在起飞状态下工作时,由于转速和涡轮前温度最高,各部件承受的负荷最大,因此,发动机在起飞状态连续工作时间一般不超过 5 min。使用中,要防止发动机超温、超转、超时。

飞机在紧急起飞、短跑道起飞,以及在高温、高原机场起飞时,为了尽可能缩短起飞滑跑距离,可使用发动机最大状态。飞机复飞时,为了获得最大上升率,也可使用最大状态。

2. 最大连续状态

最大连续状态是发动机可长时间连续工作时批准使用的工作状态。

最大连续工作状态下,发动机能连续工作,没有工作时间限制。但是为了延长发动机的在翼寿命,正常情况下不使用该状态;只有特殊情况下才使用。如双发飞机单发飞行时,为满足推力需求,可以使用最大连续推力。

3. 爬升状态

爬升状态是飞机爬升时,发动机所允许使用的最大推力状态。

4. 巡航状态

巡航状态是飞机作巡航飞行时所使用的发动机状态,该状态下,发动机的转速和涡轮前燃气总温离最大限制值较远。在该状态下,发动机的工作时间不受限制,巡航状态用于飞机长时间和远距离飞行。

5. 慢车状态

慢车状态是发动机稳定、连续工作的最小转速工作状态。慢车状态用于飞机着陆、快速下降、地面滑行和发动机冷转等,由于在这一状态下涡轮前总温较高,所以,在这一状态下发动机的使用时间也受限制。

降低慢车转速,减小慢车推力,可以改善飞机的着陆及滑行性能。但慢车转速过低,会影响在空中飞行的飞机及发动机的一些性能,如:大雨中飞行,发动机容易熄火;发动机引气量不足,会影响飞机和发动机防冰的可靠性等。所以,有些发动机的慢车状态分为进近慢车(或高慢车)状态和地面慢车(或低慢车)状态。当飞机在空中,油门收到最后时,保持飞行慢车状态;当飞机主轮着地后,自动转换成地面慢车状态,从而满足飞机和发动机性能的需要。

需要说明的是,发动机状态及使用特点随具体的飞机和发动机性能而有所不同,实际使用中应根据各具体飞机手册的要求使用。

9.1.2 额定平功率和排气温度裕度

1. 额定平功率

为了保证发动机工作时转速、温度和压力都不超过发动机结构所允许的极限值,发动机规定了其额定起飞推力(功率)。工作过程中,发动机控制系统不会让发动机超过此额定推力。发动机所产生的推力是随外界温度变化而变化的。当大气温度升高后,发动机的进气量会下降,引起发动机推力下降。为了不使发动机推力下降,就必须多给发动机供油,提高发动机转速,相应的发动机排气温度就会升高。但发动机排气温度是受热端部件限制的,排气温度最高只能到允许的最大值。当排气温度达到最大值后,大气温度再升高,发动机控制系统只能通过控制供油量来使排气温度保持在允许的最大值,但由于进气量的下降,发动机的推力也就只能下降了。一般把发动机额定起飞功率(推力)开始下降的温度叫做拐点温度(见图9-2)。为了使发动机能在较广的外界大气温度范围内,都能产生额定起飞推力,现代民用涡扇发动机设计时都给出了这一拐点温度(也叫平功率温度)。拐点之前发动机总能产生额定起飞推力,即在拐点温度前,大气温度升高,发动机额定功率保持不变,这也叫额定平功率。对于大多数民用涡扇发动机来说,拐点温度一般在30℃左右。

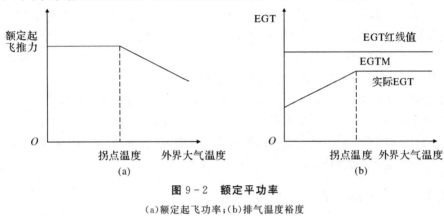

图 9-2　额定平功率

(a)额定起飞功率;(b)排气温度裕度

2.排气温度裕度

排气温度裕度(Exhaust Gas Temperature Margin,EGTM 也称 EGT 裕度)定义为:海平面标准大气压下,发动机在拐点温度时,额定平功率状态时的实际燃气温度与有关技术文件规定的限制值(红线值)之间的差值,它的大小是发动机性能衰退的一个重要标志(见图9-3)。

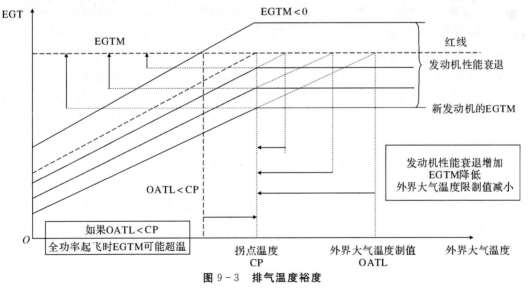

图 9-3　排气温度裕度

随着发动机性能衰退,EGTM 降低,当 EGTM 为零或负值时,在使用额定平功率起飞时排气温度可能超过最大允许极限值,从而损坏发动机,因此发动机 EGTM 大小通常作为航空公司执飞航线选择和性能换发依据,对于执飞高原航线或双发延程飞行航线(Extended-range Twin-Engine Operations,ETOPS)要求的发动机,EGTM 具有更高的要求。

9.2　压气机和涡轮的共同工作

单轴涡轮喷气发动机压气机和涡轮用一根轴相连接,在压气机和涡轮之间装有燃烧室,这就组成了一个燃气发生器,燃气发生器加上进气道和喷管组成单轴涡轮喷气发动机。尽管目前很少用单轴涡轮喷气发动机作为航空动力装置,但是,它是分析其他类型燃气涡轮发动机的基础,同时,单轴涡轮喷气发动机的燃气发生器是其他各种类型燃气涡轮发动机的核心机。通过学习单轴涡轮喷气发动机,可以由浅入深建立各主要部件之间的相互制约关系和相互匹配要求,为学习其他各种类型燃气涡轮发动机打下良好基础。

通常把燃气发生器的共同工作称为压气机和涡轮的共同工作,当发动机某一部件工作情况发生变化时,往往通过压气机和涡轮的共同工作来影响发动机的总体性能。

发动机工作时,压气机与涡轮组成的转子不停地转动,按转子转动的情况,可以把发动机的工作分为稳定和过渡两种状态。

9.2.1　发动机稳态下的共同工作

发动机工作时,压气机与涡轮组成的转子是在不停的转动着,按照转子转动的具体情况,可以把发动机的工作分为稳定和过渡两种状态。稳定工作状态是指发动机在某一转速连续工作,即转速恒定不变的状态。

1.稳定工作的条件

在非设计点下单转子涡轮喷气发动机稳定工作时,发动机各部件必须满足以下相互制约的条件,即共同工作条件。

(1)转速一致。单轴涡轮喷气发动机的压气机和涡轮用一根轴相连接,转速一致。

(2)流量连续。对于压气机设有放气装置的发动机来说,流过涡轮的燃气流量等于流过压气机的空气流量与在燃烧室内加入的燃料流量之和,再扣除由压气机引往其他部分(如对涡轮进行冷却)的空气量。一般认为加入的燃料流量与扣除的空气流量近似相等。所以,可以认为流过涡轮的燃气流量与流过压气机的空气流量相等。

(3)压力平衡。涡轮进口总压等于压气机总压乘以燃烧室总压恢复系数。

(4)功率平衡。在涡轮喷气发动机中,涡轮发出功率用来转动压气机和其他附件,因为附件消耗的功率很小(一般为压气机功率的 $1.5\% \sim 2.0\%$),可以忽略不计,所以,发动机转速取决于涡轮功率和压气机功率。要保持发动机转速不变,必须保证发动机转子功率的供需平衡,使涡轮功率等于压气机功率。

2.如何保持稳定工作状态的共同工作

发动机工作时,当外界条件变化或发动机某一部件的几何参数变化,由于涡轮与压气机功率的变化不完全相同,涡轮功率不能始终等于压气机功率,这破坏了涡轮功率与压气机的平衡,发动机转速便发生变化。

例如,飞行高度升高时,由于大气密度减小,发动机的空气流量减小,压气机功率和涡轮功率都要减小。然而,如果此时供油量保持不变,涡轮前燃气温度就会升高,涡轮功率就会比压气机功率小得少一些,使涡轮功率大于压气机功率,发动机转速就会增大,发动机便不能继续在原来的转速上稳定地工作。因此,随着飞行高度的升高,应该适当减小供油量来控制涡轮前燃气温度,使涡轮功率等于压气机功率。

由此可见,为了保持发动机在某一转速稳定工作,必须随着发动机工作条件的变化,调节供油量来控制涡轮前燃气温度,使涡轮功率等于压气机功率。

3. 稳定工作状态下,涡轮前燃气温度随转速的关系

稳定工作状态下,涡轮前燃气温度随转速的变化情形如图 9-4 所示。从这条曲线可以看出,中转速时,涡轮前燃气温度较低,因此,通常用中转速进行冷机;大转速和小转速时,涡轮前燃气温度较高。因此,在起飞和启动时,涡轮前燃气温度受到限制,不能超过允许值,工作时间不能太长。

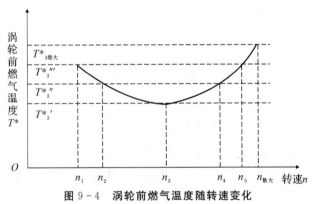

图 9-4　涡轮前燃气温度随转速变化

9.2.2　发动机过渡态下的共同工作

在实际使用中,发动机不但会处于某一个稳定工作状态(即稳态),而且会根据实际使用的需要,从一个稳定工作状态过渡到另一个稳定工作状态,这时发动机的转速在变化着。转速在变化着的工作状态叫做过渡工作状态(即动态)。不考虑发动机转速和它的工作过程参数与性能参数随时间的变化,称为稳态过程;考虑它们随时间的变化,称为动态过程。动态过程包括:①转速增大的工作过程叫做加速过程;②转速减小的工作过程叫做减速过程;③转速从 0 加速到慢车转速的工作过程叫启动过程。另外,由于发动机启动过程的特殊性,在有的教材中发动机启动过程也是一种过渡工作状态。

1. 加速状态下压气机与涡轮的共同工作

要使发动机从某一转速增加到另一转速,涡轮功率必须大于压气机功率。通常把涡轮功率与压气机功率之差叫做剩余功率。所以也可以说发动机加速的必要条件是要有剩余功率。

改变发动机转速的最好方法是,改变涡轮前燃气温度以改变涡轮功率。而涡轮前燃气温度的改变,可以借操纵供油量来实现。当快推油门时,发动机转速快速上升的能力叫做加速性。通常以慢车转速上升到最大转速的时间来表示加速性的好坏。加速时间越短,加速性越好。这一加速性对飞机的安全着陆具有非常重要的意义。

发动机处于稳定工作状态时,涡轮功率等于压气机功率,打破平衡工作的因素是加油,将油门杆前推,使涡轮前燃气温度高于在同一转速下稳态工作时的涡轮前燃气总温。涡轮功率增加,当大于压气机功率时,就出现了剩余功率,使发动机转速增加。图 9-5 是加速过程的示意图。

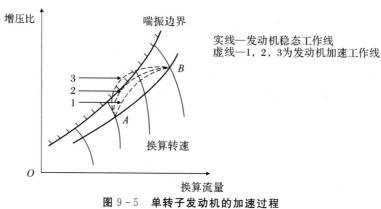

图 9-5　单转子发动机的加速过程

供油量增加得多,涡轮前燃气温度就高,剩余功率就大,发动机的加速性就好。但是,供油量不能增加得过多。限制供油量增加主要有以下原因。

(1)涡轮前燃气总温不能超温。否则,就有烧坏涡轮叶片的危险。

(2)不能引起压气机喘振。过高的涡轮前燃气总温会使曲线穿过压气机的喘振边界,这是不允许的。

(3)不能引起富油熄火。在低转速范围内,发动机本来就处于富油情况下工作,在加速时,加油过急,就有可能造成富油熄火,此外,在飞行高度较高时,也容易在加速时出现富油熄火。

大气温度降低、大气压力升高或飞行速度增大时,引起空气流量增大,剩余功率随之增大,发动机加速过程经历的时间缩短,加速性变好。反之,大气温度升高,大气压力降低或飞行速度减小时,加速性变差。

飞行高度升高时,除了因空气流量减小、加速性变差外,还由于高空燃烧条件变差,稳定燃烧范围缩小,加速时供油量的增加受到限制,所以,加速时涡轮前燃气温度可能提高的数值比地面的小,使涡轮功增大得比地面的少,以致剩余功率减小,加速性变差。发动机加速性在高空比低空差,低速飞行比高速飞行差,在夏天比冬天差。

2.减速状态下压气机与涡轮的共同工作

涡轮功率小于压气机功率时,发动机便处于减速状态。就是说,要减小发动机转速,就要收油门杆,减小供油量,降低涡轮前燃气温度,使涡轮功率小于压气机功率。图 9-6 是减速过程的示意图。

减速过程中,任何一个转速下的供油量,都要比用同样转速在稳定工作时的供油量小;空气流量却因为涡轮前燃气温度低而比稳定工作时的大。因此,减速状态下的混合气,比相应的稳定工作状态下要贫油,即余气系数比稳定工作时大。如果供油量减小得过多,因为余气系数过大,会超过贫油极限而熄火停车,因此,减速时收油门不能过快。飞行高度越高,燃烧条件越差,稳定燃烧范围越小,供油量越不能多地减小,否则会超过该高度的贫油极限而停车,所以减速收油门,在高空更要注意。

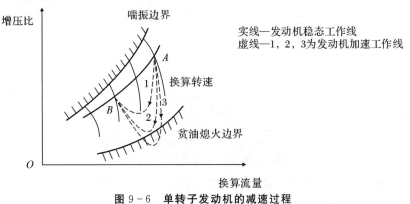

图 9-6　单转子发动机的减速过程

9.3　发动机特性

燃气涡轮发动机的设计点对应着一定的油门杆位置、飞行高度、飞行速度和大气条件,但是为了完成飞机不同的飞行状态或者机动动作,发动机必须能在宽广的状态范围内工作。改变发动机推力及其他性能参数是通过改变油门杆位置来实现的,在这种情况下,是通过改变燃油流量来实施对发动机工作过程的控制。即使在油门杆位置不改变的情况下,只要外界条件有了变化,包括飞行高度、飞行速度及周围大气条件的变化,发动机的主要性能参数也要随之改变。

发动机的推力和燃油消耗率随着发动机转速、飞行速度和飞行高度变化的规律叫做发动机特性。为了研究方便,一般把发动机特性分成转速特性、高度特性和速度特性。

9.3.1　转速特性

1. 转速特性

保持飞行高度和飞行速度不变,发动机推力和燃油消耗率随转速变化的规律叫发动机转速特性。

如果涡轮喷气发动机装有可调导向叶片、压气机中间级放气系统或可调尾喷管等,发动机工作时能够改变气流通道面积,则其转速特性会出现差异。但是,与通道面积不能改变的发动机的转速特性比较,其推力和燃料消耗率影响因素的变化规律基本上还是一致的,只需对随通道面积变化的规律作些修正。

通道面积不变的涡喷发动机的转速特性,是各种燃气涡轮发动机的推力和燃料消耗率随转速变化的最基本的情形。图 9-7 为典型的涡轮喷气发动机的转速特性曲线。可以看出,当发动机转速上升时,发动机的推力随之增加。在高转速范围,转速增加时,发动机推力的增大更为剧烈。发动机的单位燃油消耗率在低转速范围内,随着转速上升而急剧下降,在接近最大转速时,单位燃油消耗率又略有上升。

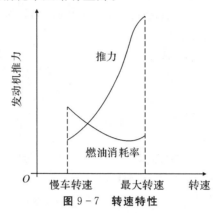

图 9-7 转速特性

(1)推力随转速变化的情形。推力等于空气流量与单位推力的乘积。

转速增大时,空气流量近似地成正比增大。

单位推力变化取决于发动机增压比、涡轮前燃气温度、压缩效率、膨胀效率、大气温度和飞行速度等 6 种因素的变化。发动机转速特性是在地面试验得出的。飞行速度为零,发动机增压比是压气机增压比;大气温度也保持不变;同时,压缩效率接近于压气机效率,膨胀效率接近于涡轮效率。因此,发动机在地面试验时,影响单位推力的因素为压气机增压比、涡轮前燃气温度、压气机效率和涡轮效率。

在小转速到中转速的范围内,转速增大,压气机增压比、压气机效率和涡轮效率都增大,这些因素都使单位推力增大;但是,涡轮前燃气温度却下降得比较缓慢,而压气机增压比、压气机效率增大得比较快,压气机增压比、压气机效率和涡轮效率增大,对单位推力是增大的,但增大得比较缓慢。

在中转速到大转速的范围内,压气机增压比和涡轮前燃气温度都随转速的增大而升高,压气机效率也随转速的增大而升高,在接近最大转速时略有下降,但它对单位推力的影响小。所以,单位推力迅速增大。

综上所述,当转速增大时,空气流量和单位推力都增大,所以推力随转速增大而增大。不过,在不同的转速范围内,推力增大的程度不同。在中、小转速范围内增大得缓慢,在大转速范围内增大得较快。

(2)燃料消耗率随转速变化的情形。从燃料消耗率的式子可知,影响燃料消耗率的因素有两个:一个单位推力;一个是油气比(G_f/G_a),即每千克空气的加热量或燃烧室前后温度差($T_3^* - T_2^*$)。

前已分析,转速增加时,单位推力随之增大,这就要使燃料消耗率随转速增大而下降。而($T_3^* - T_2^*$)的变化情形可以分两段来说明:在从慢车到某一中转速范围内,转速增加时,涡轮前燃气温度 T_3^* 下降,压气机出口总温 T_2^* 则因增压比增大而上升,故(T_3^* －T_2^*)将随转速增大而减小。所以,在这个范围内燃烧室前后温度差也是使燃料消耗率下降的。因此,从慢车到中转速这一段,燃料消耗率随转速的增加而迅速降低;在从某一中转速到大转速的范围内,转速增加时,涡轮前燃气温度 T_3^* 是增加的。虽然这时的 T_2^* 仍在增加,但 T_3^* 增加的程度大于 T_2^* 增加的程度,因此,(T_3^* －T_2^*)随转速增加仍在增加,使燃料消耗率增加。虽然,这时单位推力的增加仍使燃料消耗率降低,但是由于(T_3^* －T_2^*)随着转速增大而不断增大,它的作用就成为主要的了。所以,到接近最大转速时,发动机的燃料消耗率不仅不降低,反而随转速增加而略有上升。

2. 大气条件对转速特性的影响

图 9-8 为大气条件变化对转速特性的影响。大气温度上升,空气密度减小,在同样的转速下,流过发动机的空气流量减小,压气机增压比下降,使发动机推力减小,燃油消耗率增加。大气压力上升,使总压上升,造成流量和沿流程各截面上的总压增加,推力增加,但燃油消耗率不受影响。

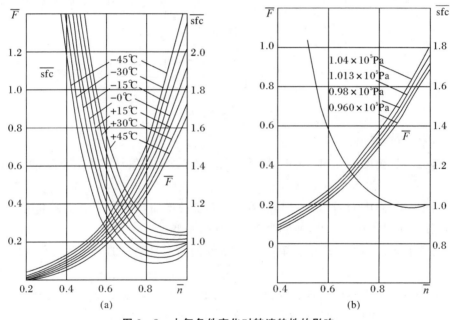

图 9-8　大气条件变化对转速特性的影响

(a)不同大气温度;(b)不同大气压力

图 9-8(a)是在大气压力 760 mmHg 时,大气温度不相同的转速特性。它表明大气温度高时,发动机推力小,燃料消耗率高。大气温度由 －30℃ 增高到 30℃ 时,推力可能下降40%,燃料消耗率可能增高 10% 左右。

图 9-8(b)是在大气温度为 15℃ 的条件下,大气压力不相同的转速特性。当大气压力从 720 mmHg 增大至 780 mmHg 时,大气压力约变化 8%,推力也约增大 8%。

大气湿度上升,空气密度下降,空气流量下降,发动机推力将下降。大气湿度上升,空气的定压比热增大,要达到原来的燃烧室出口温度,就必须多喷油,所以发动机的燃油消耗率上升。

9.3.2　高度特性

在给定的调节规律下,保持发动机的转速和飞行速度不变,发动机的推力和燃油消耗率随飞行高度变化的规律叫高度特性。

飞行高度改变时,大气压力、大气温度和密度都随之变化。在 11 km 以下,随着高度的增加,大气压力、大气温度和密度都下降;在 11 km 以上的同温层,大气温度不随高度而变化,大气压力和密度随高度的增加而继续下降。

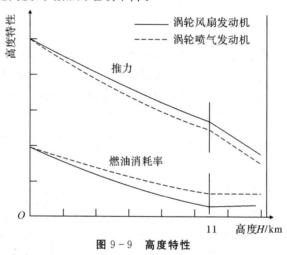

图 9-9　高度特性

由图 9-9 可以看出:

(1)在对流层,高度 $H \leqslant 11$ km 时,随着飞行高度的增加,发动机推力下降,燃油消耗率下降;

(2)在同温层,高度 $H > 11$ km 时,随着飞行高度的增加,发动机的推力随高度的增加而继续下降,而且下降得更快一些,而燃油消耗率保持不变。

推力随飞行高度的增加总是下降的,其决定性的因素是空气的密度随飞行高度的升高而下降。

在飞行高度小于 11 km 时,随着飞行高度的上升,大气温度下降,总增压比增加,热量的利用程度改善,使单位燃油消耗率下降。在飞行高度大于 11 km 时,温度不变,单位燃油消耗率也就保持不变。

9.3.3　速度特性

在给定的调节规律下,保持发动机的转速和飞行高度不变,发动机的推力和燃油消耗率随飞行速度(或马赫数)变化的规律叫速度特性。

由图 9-10 可以看出:随着飞行马赫数的增大,发动机的推力开始略有下降或缓慢增加,而在超声速范围内增加较快;当马赫数继续增加时,推力转为下降,直至推力为零;燃油消耗率随着马赫数的增大而增大,且在高马赫数范围增加得更为急剧。

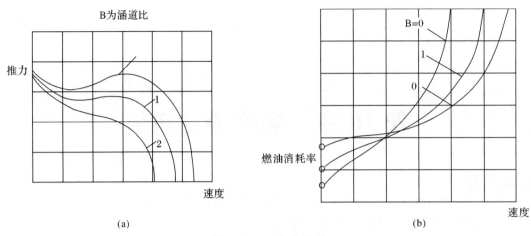

图 9 - 10 速度特性

(a)$B=0$；(b)$B=2$

在飞行马赫数较低时，速度冲压的作用较小，空气流量增加缓慢而单位推力下降起主要作用，发动机的推力将略有下降；当飞行马赫数继续增大时，空气流量的增加起主要作用，发动机推力增大；当飞行马赫数进一步增大时，推力又因单位推力的急剧下降而减小；当单位推力为零时，推力也就没有了。

涡轮风扇发动机的推力随飞行速度的变化规律与涵道比的大小有密切关系。涵道比小的涡轮风扇发动机，它的推力随飞行速度的变化情形与涡轮喷气发动机的相同。随着飞行速度增大，起初推力减小，而后推力增大，也是呈"马鞍形"。

思 考 题

1. 发动机的常用工作状态有哪些？
2. 燃气发生器的共同工作条件是什么？
3. 什么是加速过程？加速的条件限制有哪些？
4. 大气状态和飞行状态如何对加速过程产生影响？
5. 什么是涡轮喷气发动机的转速特性？其规律如何？
6. 大气条件对转速特性有何影响？
7. 什么是涡轮喷气发动机的高度特性？其规律如何？
8. 什么是涡轮喷气发动机的速度特性？其规律如何？

第10章 涡轮轴发动机

▶学习目标
1.掌握涡轮轴发动机的工作特点,及其与其他发动机的差异性。
2.熟悉涡轮轴发动机的工作原理和结构。
3.了解涡轮轴发动机的主要工作系统。
4.了解涡轮轴发动机性能趋势检查分析。

10.1 涡轮轴发动机概述

1936 年德国福克-乌尔夫公司推出的 Fw61 是世界上第一架实用载人直升机,采用活塞式航空发动机。早期的直升机都采用活塞式航空发动机。自从燃气涡轮发动机问世以后,由于其具有推力(功率)大、推重比(功重比)大的优点,涡喷和涡桨发动机得到了快速发展。由于燃气涡轮发动机的涡轮具有强大的功率输出,与活塞式发动机相比有着较为明显的优势,因此 20 世纪 50 年代在涡喷和涡桨发动机的基础上,成功研制出了用于直升机的涡轮轴发动机(简称涡轴发动机)。世界上第一台直升机用涡轴发动机"阿都斯特-1"(Artouste-1)安装于美国贝尔直升机公司生产的 Bell47 飞机上。作为直升机的新一代动力装置,它兼有喷气发动机与螺旋桨发动机的优点,因此 20 世纪 60 年代以后,新研制的 2 000 kW 以上直升机几乎全部采用涡轴发动机。

涡轴发动机是经过设计优化后用来产生轴功率而不是喷气推力。从设计理念上讲,涡轴发动机与涡轮螺旋桨发动机非常相似,类似于将一台发动机设计成两种形式。涡轴发动机有许多不同的形式、外观和马力范围。由于功率输出是一个旋转轴,因此涡轴发动机的功率输出单位为马力。在航空领域,直升机的发动机与飞机的辅助动力装置(Auxiliary Power Unit,APU)通常采用涡轴发动机。

当前,直升机上使用的两种最常见的发动机是活塞式发动机和涡轴发动机。活塞式发动机也称为往复式发动机,通常用于小型直升机。大多数训练直升机使用活塞式发动机,因为它们结构相对简单且成本低。而涡轴发动机的功率更大,可应用于各种直升机,根据尺寸可产生不同的功率,但运行成本较高。

涡轴发动机的应用不仅仅是在航空领域,在其他民用领域(例如陆地、水上运输等)也有着较大的应用范围,例如涡轴发动机可应用于需求高功率输出、高可靠性、体积小、重量轻发动机的各种工作场合。由于涡轴发动机和其他热机相比热效率高、使用寿命长、维护性能佳,其未来发展前景广阔。

10.1.1　涡轴发动机的工作特点

1.热效率高

燃气在涡轴发动机的涡轮中进行膨胀,将获取的绝大部分机械功转化为涡轮功(约95%左右),因此其热效率与其他类型发动机相比较高。剩余的燃气经尾喷管排出发动机,但是所产生的推力可以忽略不计。涡轮输出功带动了直升机的旋翼高速旋转,使流过桨叶的气流速度加快,气流对旋翼的反作用力形成了拉力。

2.经济效益佳

由于涡轴发动机主要应用在低速的航空器上(例如直升机),因此发动机仅有很少一部分燃气将机械功转化为动能的提升,极大地降低了气体离速损失。目前,大型涡轴发动机的耗油率与活塞式发动机相比经达到同一个水平,其经济效益大大提高。

3.可靠性高

我国国土幅员辽阔,直升机在实际工作中会遇到多种不同的气候条件,例如高温炎热、低温严寒、阴雨潮湿、风沙雷电等。极为复杂的运行环境要求涡轴发动机具备较强的环境适应性,以减少外界环境对涡轴发动机的有害影响,从而提高直升机生存能力。同时还存在各种极限飞行状态的改变导致发动机工作条件迅速变化等问题,因此涡轴发动机必须具备高可靠性才能在恶劣的工作条件下完成任务。

10.1.2　涡轴发动机与其他类型的发动机对比

1.涡轴发动机与涡喷、涡扇发动机对比

(1)涡轴发动机,其燃气发生器后的燃气可用功全部通过涡轮轴输出,而不产生推力。
(2)涡轴发动机,其涡轮轴输出功用于带动直升机的旋翼和尾桨。

2.涡轴发动机与涡桨发动机对比

对于涡桨发动机,要求动力涡轮轴向发动机前方输出;涡轴发动机通常通过动力涡轮轴输出功,以带动外界负荷,而且动力涡轮轴不一定从发动机前方输出。

发动机在直升机上的安装。通常,发动机安装在飞机主减速器(Main Gearbox,MGB)后面,如图 10-1 所示。发动机通过动力涡轮(也称自由涡轮)驱动主减速器。

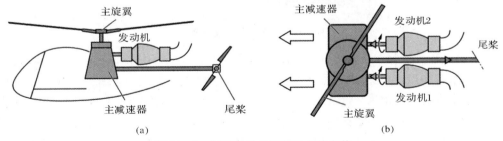

图 10-1　涡轴发动机在飞机上的安装
(a)单发构型;(b)双发构型

3. 涡轴发动机与活塞式航空发动机对比

涡轴发动机相对于活塞发动机,具有以下突出优点。

(1)重量轻,体积小,功率大;

(2)同样功率为 600 kW 左右的发动机,它的重量还不到活塞发动机的 1/3;

(3)不做往复运动,振动小,噪声小

涡轴发动机相对于活塞发动机也存在一些缺点,如制造成本较高,小功率的发动机单位燃油消耗率大、经济性差等。但由于涡轴发动机在性能上的明显优势,已占直升机动力装置的统治地位,同时在非航空领域也得到广泛应用,发展前景广阔。

10.2 涡轴发动机的工作原理及结构

10.2.1 涡轴发动机的工作原理

典型的涡轴发动机如图 10-2 所示。空气连续不断地从进气装置被吸入发动机;接着压气机转子对气体做功,空气的压力和温度升高;然后经过燃油喷嘴雾化的燃油和进入燃烧室的压缩空气进行充分混合,点火进行燃烧,将燃油的化学能转化为热能,产生高温高压的燃气,燃气进入燃气发生器的涡轮;燃气在燃气发生器的涡轮静子叶片的通道中进行膨胀,把一部分热能转化为动能,将燃气的速度提高,然后对涡轮转子上的动叶作用一定气动力,推动叶片转动,对涡轮做功输出的机械能用来带动压气机和发动机附件,接着燃气进入动力涡轮,以同样的方式对动力涡轮做功,对外输出轴功率,以满足飞行器的动力需求。以上分析说明了涡轴发动机的工作循环包含了进气、压缩、燃烧和排气四个阶段,因此发动机必须具备相应的工作部件才能输出功率。

图 10-2 典型的涡轴发动机

一般而言,进气装置是直升机机体结构的一部分,但是进气装置和涡轴发动机的压气机在结构上紧密相连,功能上两者密不可分,所以简要地介绍一下进气装置。进气装置捕获一定流量的空气进入发动机。进气组件一般由铝合金制成,它为空气提供了一个流线型的进气通道。该组件固定于前防火墙的前端,位于压气机的前端,如图 10-3 所示。

直升机由于其飞行速度低、飞行中沙尘多,容易出现以下问题:①大颗粒沙石打坏叶片,粉尘磨蚀叶片,降低效率;②堵塞涡轮冷却通道,造成过热、烧毁;③随气流进入涡轮内堆积,破坏转子平衡,振动增大。因此要求进气装置装备防护装置以防止外来物进入发动机内部造成损伤。常见的进气道防尘装置有两种:阻拦式和惯性分离式。在日常维护工作中,要保持进气道表面清洁,定期更换防尘过滤装置。

图 10-3　典型涡轴发动机的进气组件

10.2.2　涡轴发动机的结构

　　ARRIEL 系列涡轴发动机是为了满足新一代直升机动力的需求而问世。ARRIEL1 发动机于 1977 年取得法国民航总局的适航证后,于次年交付客户使用,进入服役阶段。AR-RIEL 系列发动机的设计理念为:采用最佳的热力循环实现发动机性能的提升;部件具备高可靠性、结构简单等特点,在保障飞行安全的同时极大地降低发动机的维护费用。因此该系列直升机发动机在其同类别产品中最具有竞争力,并且发动机有多种衍生型号,功率输出范围为650~1 000 shp[①],可以为不同型号的直升机提供动力。该型发动机采用了单元体设计理念(见图10-4),属于动力涡轮型(自由涡轮)涡轴发动机,即动力涡轮与燃气发生器没有任何机械互联,但在气动上存在着紧密联系。发动机前部的压气机以及附件系统等由燃气发生器的涡轮驱动,自由涡轮则将功率传递到传动轴,输出最大转速为 6 000 r/min。

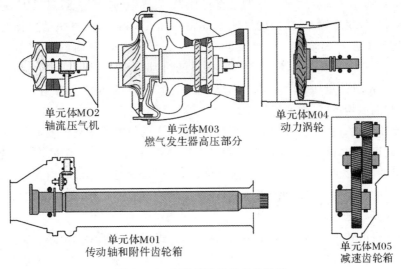

单元体MO2
轴流压气机

单元体M03
燃气发生器高压部分

单元体M04
动力涡轮

单元体M01
传动轴和附件齿轮箱

单元体M05
减速齿轮箱

图 10-4　涡轴发动机单元体设计

---

① 　1 shp＝735 W.

涡轴发动机把空气和燃油中的能量转化为传动轴的机械功率,该过程包括将空气进行压缩、与燃油进行混合燃烧、在涡轮中膨胀以及功率的传递等工作阶段。涡轴发动机的主要部件有燃气发生器、动力涡轮、排气装置、减速齿轮箱、功率传递轴和附件齿轮箱等。为了详细介绍涡轴发动机的结构,本节内容结合 ARRIEL1 涡轴发动机进行阐述,如图 10 - 5 所示。

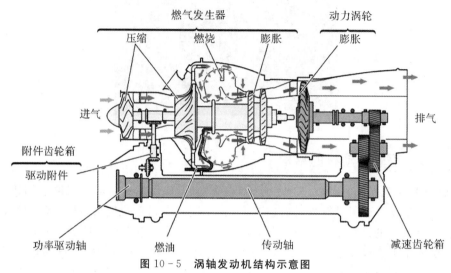

图 10 - 5　**涡轴发动机结构示意图**

1. 燃气发生器

燃气发生器是涡轴发动机最主要的部件之一,一般由压气机、燃烧室和涡轮三部分组成。以 ARRIEL1 涡轴发动机为例,它的燃气发生器包括单级的轴流式压气机、离心压气机、环形燃烧室和两级轴流涡轮。它的工作过程为:大气中的空气经过进气道后被轴流式压气机和离心式压气机压缩,该阶段的气流流量大约为 2.5 kg/s,压气机的压比为 8.2 左右,经过压缩的空气进入燃烧室,与燃油进行混合燃烧。燃烧室内的火焰温度上升至约 2 500℃,燃气从燃烧室出来后,在涡轮入口处温度约为 1 100℃,压力下降大约 4%。燃气在涡轮中膨胀,一部分能量转化为驱动压气机和附件齿轮箱所需的功。在这一阶段,发动机内的燃气压力和温度均下降,而速度增加。

(1)轴流压气机。轴流压气机对空气进行增压,它的位置位于涡轴发动机的前部(轴流压气机为发动机 M02 模块)。环境空气通过进气装置进入发动机,在进口整流锥体的作用下,在压气机的叶片之间流动。空气通过动叶向后排出,此时气体的轴向速度增加。然后空气流过扩压器的静子叶片,经过扩张通道,亚声速的气流速度降低,压力增加,接着气流通过环形管道进入离心压气机。

轴流压气机由转子和静子(见图 10 - 6)两部分组成。转子部分包含了进气整流锥、轴流式叶片、转轴、轴承和附件驱动轴。进口整流锥由轻合金制成,拧紧在转轴的前部。轴流式叶片安装在轴上,整个叶盘由整体式钛合金直接加工而成。转轴将离心压气机和轴流压气机进行连接。整个组件由两个轴承支撑:一个滚珠为轴承,位于轴流压气机的后部,另一个为滚珠轴承,在离心式压气机前部的柔性保持架。附件驱动装置由转轴上的圆锥齿轮和它驱动一个垂直的驱动轴组成。

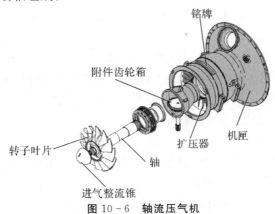

图 10-6　轴流压气机

静子部分包含了扩压器和机匣。扩压器直接焊接在机匣上,机匣上有两排钢制定子叶片,形成一个扩散型的气体通道。机匣由钢制成,容纳所有的压气机组件。机匣内有一个前法兰,用于安装进气装置,及一个后法兰,用于连接到单元体 M03。机匣的内毂给轴承提供了安装位置。机匣上有一个用于压气机防喘的放气活门。

(2)离心压气机。离心压气机位于单元体 M03 的前部,空气在离心压气机进行二次增压,是涡轴发动机压缩阶段的最重要一步。离心式压气机的单级增压比比轴流式压气机要高许多。空气首先被轴流式压气机压缩后,再流入离心式压气机的叶片之间的通道。由于叶片的通道扩张,空气压力升高,并且在离心力作用下速度增加。空气以极高的速度离开叶尖,然后流过第一级扩压器叶片,速度降低,压力升高;然后空气通过弯头,气流变成轴向流动。在第二级扩压器中,气流速度降低,压力升高;最后空气进入燃烧室。

离心压气机组件包含了转子部件和静子部件(见图 10-7)。其中主要旋转部件是离心叶片。叶片是直接由整块钛合金盘加工而成,安装在后轴上并且具有密封性。尾部有一个用于安装离心式燃油喷射系统的曲联轴器。旋转部件由一个系紧螺栓固定。

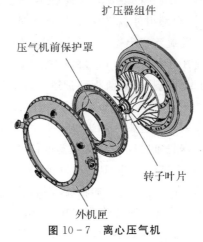

图 10-7　离心压气机

静子组件包含了扩压器和机匣。压气机的前安装罩利用一圈周向螺栓安装在外机匣内,同时该螺栓还固定轴流压气机的外机匣、前安装罩和扩压器组件。离心压气机的外机匣用螺栓固定在涡轮机匣上。扩压器组件包括第一级扩压器(径向定子叶片)和第二级扩压器(轴向定子叶片)。扩压器的背盘在压气机和燃烧室之间形成隔板。另外,燃油喷射系统安装在其内部轮毂上。

(3)燃烧室。燃烧室位于燃气发生器的中间位置,是一个闭合的腔体,空气以及燃油进行混合后在其中燃烧。燃烧室常用的结构有环形折流式以及环形回流式(见图 10-8)。图 10-8(b)所示为环形折流式燃烧室,在燃烧室中压缩空气分为两股气流:其中一次气流用于与燃料混合进行燃烧,二次气流(或稀释气流)用于冷却燃烧气体。一次气流一部分经前旋流板的孔口,另一部分经涡轮导向叶片的空心叶片(叶片冷却)和后旋流板的孔口。一次空气与喷油喷嘴喷射的燃油进行混合,然后在两个涡流板之间进行燃烧,火焰温度达到约2 500℃。二次空气(或稀释空气)流经混合装置的孔口和稀释管。为了获得火焰稳定性、燃烧气体的冷却以及涡轮叶片上的合适温度分布,需要精确校准空气的流量。燃烧产生的燃气直接进入涡轮导向叶片。进行燃烧的油气比约为1:15,燃烧室出口的气流压力下降大约4%。涡轮进口燃气温度(设计点)约为 1 125℃。

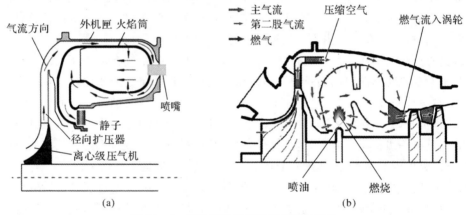

图 10-8 涡轴发动机燃烧室的两种结构

(a)回流式燃烧室;(b)折流式燃烧室

燃烧室组件包括外部组件、内部组件、涡轮机机匣和燃油喷射系统(见图 10-9)。外组件包括前旋流板和混合组件。前旋流板上有一次气流通过的校准孔,它用专用铆钉固定在混合组件上。混合组件配备有用于稀释空气通过的校准孔,它通过螺栓固定在涡轮机匣的后法兰上,包含了稀释管。内组件包括后旋流板和护罩,后旋流板也同样配有一次空气通过的校准孔。与后旋流板集成的护罩包围合转轴,用螺栓固定在涡轮导向叶上。涡轮机匣内装有燃烧室和涡轮。主燃油喷射系统包括燃油进口接头、内燃油管、燃油分配器和离心式燃喷油嘴。喷油嘴利用压气机和涡轮轴之间的曲联轴器进行安装。

(4)涡轮。涡轮位于燃气发生器的尾部,其主要功能是从高温燃气中提取能量转变为机械能,用来驱动压气机和各种附件。它是两级的轴流涡轮,涡轮进口燃气温度高达 1 125℃,出口燃气温度为 880℃,N1 转子最大转速约为 52 000r/min。气流在涡轮里的工作特性是进行第一阶段的膨胀。高温燃气首先流过涡轮进口导向叶片,由于通道是收敛的,气体速度增加,然后气流经过动叶片时产生空气动力,使涡轮动叶进行旋转,进而带动压气机工作。此时,虽然燃气的一部分能量转化为机械能,但是仍然有大量燃气进入动力涡轮。

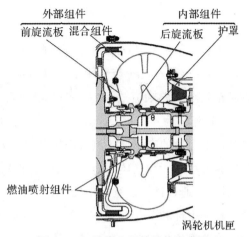

图 10-9　燃烧室组件结构示意图

目前涡轮的主要问题有:冷却气流损失大,因为高压级叶片尺寸小,而冷却流路的缝隙不可能按比例缩小,其结果使得相当大比例的空气流量不能参加做功,用于冷却。

燃气发生器涡轮组件包括转子组件和静子组件(见图 10-10)。转子组件包括涡轮盘、轴以及轴承。其中最重要的部件是涡轮盘。涡轮盘是由一个圆盘和具有枞树形榫头的涡轮叶片组成。前涡轮盘通过曲联轴器连接至轴和第二级轮盘。后轮盘通过曲联轴器与轴连接。轴由滚柱轴承支撑,采用篦齿封严进行密封。最后利用一个拧紧螺栓将整个旋转组件进行固定。静子组件包括涡轮导向叶片、包容环、涡轮机匣和扩压器机匣。第一级涡轮导向叶片是一排空心叶片,安装在燃烧室上。围绕叶片的机匣称为包容环,是保护航空发动机的重要部件之一。在涡轮叶片失效折断时,它能将叶片的断片包容在机匣内,提供安全保护作用,避免造成设备额外损坏。涡轮机匣内装有燃烧室和涡轮。扩压器机匣连接燃气发生器、动力涡轮,其轮毂包含了燃气发生器后轴承。涡轮机匣的后部包含了动力涡轮的进口导向叶片。

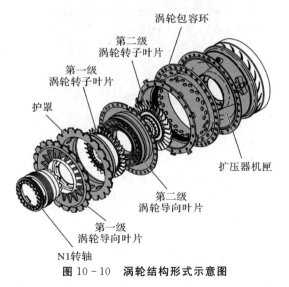

图 10-10　涡轮结构形式示意图

2.动力涡轮(自由涡轮)

动力涡轮(自由涡轮)位于燃气发生器和减速齿轮箱之间,它属于单元体 M04。动力涡轮从高温燃气中提取能量,然后通过减速齿轮箱来驱动发动机动力输出轴,以带动旋翼、尾桨和飞机附件。该型动力涡轮是单级的轴流式涡轮。涡轮进口燃气温度为 880℃,出口燃气温度为 660℃,N2 转子最大转速约为 41 586 r/min。燃气在动力涡轮里的工作特性是进行第二阶段的膨胀。来自燃气发生器的高温燃气流过涡轮进口导向叶片。在涡轮进口导向叶片中,由于收敛通道,燃气速度增加。当气体流过涡轮盘时,作用在涡轮叶片上的气动力合力使涡轮盘转动起来,然后燃气通过排气装置排出发动机。

动力涡轮同样也包含了转子组件和静子组件(见图 10-11)。转子组件里面最重要的旋转部件是动力涡轮盘和转轴。涡轮盘包括一个与轴一体的圆盘和具有枞树型榫头的涡轮叶片。转轴由 3 个轴承支撑:一个前滚柱轴承和两个后滚珠轴承。前轴承利用一个压力篦齿封严进行密封(经过压气机压缩的空气通过外部管道和内部管道引到动力涡轮里)。最终将动力传递到减速齿轮箱。静子组件里的主要部件是涡轮导向叶片、动力涡轮机匣和轴承罩。涡轮导向叶片包括一排空心叶片,它是单元体 M03 的一部分。动力涡轮机匣与燃气发生器接出口扩压器连接,用螺栓固定在单元体 M03 上。它包括由 3 个支柱支撑的外机匣和内轮毂。轴承罩安装在内轮毂上,其后部与减速齿轮箱连接。机匣后部周围安装有安全壳护罩。

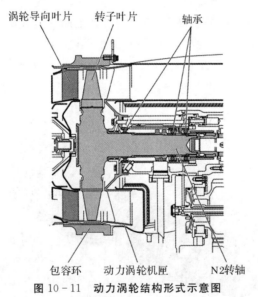

图 10-11 **动力涡轮结构形式示意图**

3.排气装置

排气装置在动力涡轮后面,紧靠着减速齿轮箱。排气装置的作用是使燃气继续进行膨胀,最后将燃气排出发动机外,但它基本上不产生推力。排气装置的出口类似于椭圆形,它是非模块化零件,不属于任何一个单元体。燃气经过排气装置后温度约为 600℃,排出的废气中仍然含有少量能量,能够产生的剩余推力为 15 daN。另外,为了提高热效率和降噪,一些发动机排气装置中安装了热交换器和消音器,用于增加动力涡轮的功率,可以使涡轮出口的静压略低于周围大气压力,动力涡轮出口的燃气仍具有较高的流速。直升机不需要发动机产生推力,故可以采用扩张型通道的尾喷管,气流在尾喷管中流速降低,静压提高,在尾喷管出口处静压等于或略高于外界大气压力,并以较低的流速排出,排气的动能比较小,不被利用,可以从直升机两侧排出。

　　排气装置的主要部件有排气管和隔热罩(见图 10 - 12)。排气管的椭圆形出口是由不锈钢制成。它和包容环一起用螺栓固定在动力涡轮机匣的后法兰上。隔热罩安装在排气管和减速齿轮箱之间,避免高温燃气损坏减速齿轮箱。排气管底部安装有一个排放口。

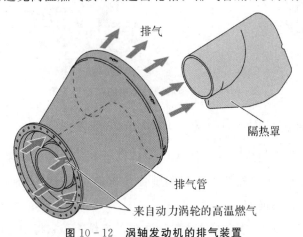

图 10 - 12　涡轴发动机的排气装置

4.减速齿轮箱

　　减速齿轮箱位于发动机的尾部,属于单元体 M05,它将转轴由高转速减速到合适的转速后,向前传输驱动功率。减速齿轮箱由 3 个斜齿轮、机匣和液压扭矩计组成。3 个斜齿轮分别是驱动齿轮、中间级齿轮和输出齿轮(见图 10 - 13)。驱动齿轮由动力涡轮直接驱动(套筒联轴器驱动)。它将运动传递到安装了液压扭矩计的中间级齿轮。中间级齿轮驱动输出齿轮,输出齿轮以顺时针约 6 000 r/min 的速度提供动力驱动。

　　驱动齿轮通过套筒联轴器与动力涡轮连接,它由两个滚柱轴承支撑。中间齿轮是一个双斜齿轮:其中一个斜齿轮与驱动齿轮啮合,另一个斜齿轮与输出齿轮啮合。输出齿轮由前部的滚珠轴承和后部的滚柱轴承支撑。轮毂内部用花键连接传动轴。齿轮安装在由两个半机匣组成的轻合金齿轮箱中。机匣正面安装有叉形件,以防止超速时动力涡轮向后移动。

　　一般而言,直升机的旋翼转速相对较低(一般最高只有 400 r/min 左右),仅仅靠发动机的减速器无法满足工作需求,需经多级减速才能实现合适功率的传递。为了实现较大减速比,通常还需要增加一个主减速器,它也是直升机的一个重要零部件。

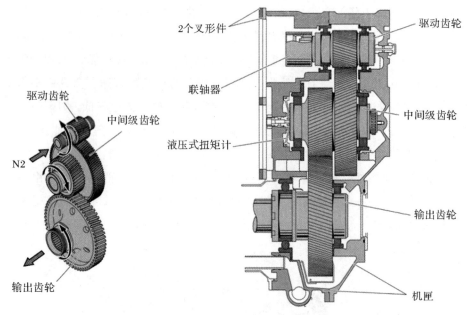

图 10 - 13　典型涡轴发动机的减速齿轮箱

5. 传动轴及附件齿轮箱

　　传动轴及附件齿轮箱组成了单元体 M01。传动轴利用发动机前部的动力输出装置将动力传输至直升机，附件齿轮箱为发动机附件提供驱动功率。传动轴位于发动机的下部。附件齿轮箱位于发动机的前部。

　　传动轴是一根空心钢轴，连接减速齿轮箱和附件齿轮箱。它将动力传输至附件齿轮箱。传动轴套在一个保护管中，该保护管用螺栓固定在后部的减速齿轮箱和前部的附件齿轮箱上。传动轴前部由附件齿轮箱前壳体中的滚珠轴承支撑，三角法兰通过花键连接到传动轴的前部，利用碳封严对润滑轴承的滑油进行密封。在保护管内有三根滑油管。离合器及其轴承的润滑是用离合器机匣中包含的滑油还是用发动机的滑油根据其型号而定。通过花键将传动轴的后部和减速器输出齿轮的轮毂进行连接。尾桨驱动轴的后部由输出齿轮轮毂中的滚珠轴承支撑。碳密封件安装在齿轮箱后盖中。

　　附件齿轮箱主要是用于附件系统与主动力系统的驱动。它包括一系列齿轮，主要是正齿轮和斜齿轮两种类型齿轮。这些齿轮安装在由两半轻合金机匣构成的齿轮箱中。其他的主要部件是附件驱动轴、传动系和机匣。齿轮箱通过四个螺栓安装在轴流压气机的底部。附件齿轮箱正面有四个部件：启动发电机、N1 燃油控制组件、N2 燃油控制组件和主动力轴（见图 10 - 14）。燃油控制单元 N1 驱动后部的滑油泵，燃油控制组件 N2 由传动轴上的齿轮驱动。同时它的背面有 3 主要个部件：滑油泵、N1 转速计和 N2 转速计。另外还有保护套管安装法兰，上部的附件驱动轴通道。发动机前支撑机匣用螺栓固定在附件齿轮箱的前表面上。

　　启动期间,启动马达驱动附件齿轮箱,从而驱动燃气发生器的旋转组件。压气机向燃烧室供应空气,然后正常启动。到达自持速度时(约为 N1 转速的 45%),启动马达的电源被切断。然后,启动电机由发动机机械驱动,作为发电机运行,为飞机电气系统提供直流电流。

　　正常工作期间,燃气发生器通过位于轴流压气机轴上的伞齿轮驱动附件齿轮系,以驱动以下几个附件:启动发电机、燃油控制组件(N1 和 N2)、滑油泵和转速计(N1 和 N2)。

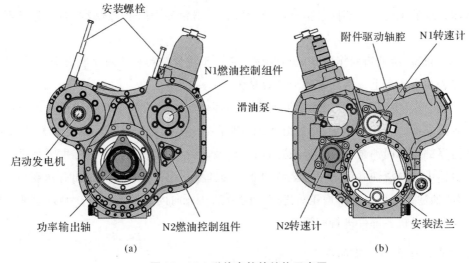

图 10 - 14　附件齿轮箱结构示意图

(a)前视图;(b)后视图

10.3　涡轴发动机的主要工作系统

　　涡轴发动机的工作系统是确保发动机正常工作的有机组成部分,本节主要介绍滑油系统、燃油系统、控制系统。

10.3.1　滑油系统

　　涡轴发动机的滑油系统大多采用闭式循环系统,其作用是为发动机中的运动部件供给滑油,在工作部件表面形成一层薄薄的油膜以减少摩擦。另外,由于油膜包裹覆盖了工作部件,可以防止它们被空气腐蚀以及表面产生硬化。循环工作的滑油还将摩擦所产生的热量以及高温部件传给滑油的热量带走,对发动机进行冷却。同时,滑油还将工作部件摩擦时产生的金属碎屑带走,起到清洁的作用。

　　下面以 ARRIEL1 发动机为例,对涡轴发动机滑油系统的工作原理进行简单介绍。该型涡轴发动机除了滑油箱和散热器以外,滑油系统里的所有部件均安装在发动机上。该滑油系统属于有全流式、干槽式滑油系统。它使用的是合成滑油。滑油最大的工作温度为115℃,平均工作压力为 300 kPa,每小时的滑油消耗量为 0.3 L/h 或者 0.15 L/h(根据发动机的版本而定)。

1.需要润滑的发动机部件

发动机里需要进行润滑的部件主要包括燃气发生器前轴承、轴流压气机轴承、离心压气机轴承、附件驱动轴承、燃气发生器后轴承、动力涡轮轴承、减速齿轮箱和附件传动齿轮箱。

2.滑油系统的主要部件

滑油系统的主要工作部件包括滑油箱、滑油泵、滑油滤、滤网、散热器、油气分离器和指示装置。

（1）滑油箱。滑油箱的作用是储存滑油。它位于主齿轮箱和前防火墙之间，与滑油散热器一起安装在增压室上。滑油箱的最大容量为 6 L。

（2）滑油泵。滑油泵的作用是给滑油进行循环增压。滑油泵组件安装在发动机附件齿轮箱的后部端面。它是齿轮泵，并且由 N1 的转子按一定配比来驱动。其包含了增压泵、燃气发生器尾部轴承回油泵、减速齿轮箱回油泵以及附件齿轮箱回油泵 4 个主要组件。增压泵从滑油箱中吸取滑油并将增压送至滑油滤。回油泵将滑油从机匣中抽出并送至散热器。

（3）滑油滤。增压泵进行增压后送过来的滑油从外向内流过滑油滤。经过过滤后的滑油随后流向发动机各部件进行润滑。

3.滑油系统基本工作原理

滑油系统的主要功能是供油、回油、油气分离和指示。滑油系统的基本工作原理如图 10－15 所示。

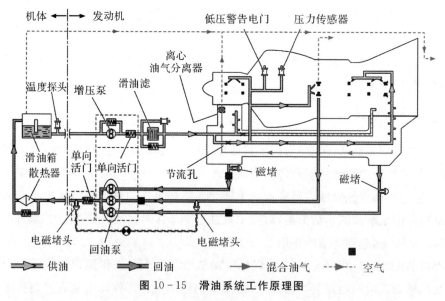

图 10－15　滑油系统工作原理图

增压泵从滑油箱中吸取滑油，如果滑油压力过大，那么滑油会从压力释压活门回油至增压泵的进口；滑油通过单向活门、滑油滤和节流孔输送至需要润滑的发动机部件，并通过喷嘴喷射到要润滑的零件上，之后滑油在重力作用下流到底部的集油槽；滑油立即被滑油泵抽走,并通过滑油散热器返回滑油箱。其中滤网保护回油泵不受油中可能存在的任何颗粒的影响。润滑产生的油雾返回附件齿轮箱,通过离心式油气分离器将油与空气分离,最后油气分离器向发动机外排出空气。燃气发生器后轴承有一个直接通风口。滑油指示系统参数主要包括滑油压力、滑油温度、滑油低压警告、电磁插头和过滤器预堵塞。

10.3.2　燃油系统

燃油系统的主要作用是向发动机供给燃油,并且通过燃油控制组件来调节发动机的转速。除了供油以外,燃油系统还有喷油、分配和计量的功用。

直升机发动机燃油控制系统经历了从早期的机械液压控制器到目前的全权限数字电子控制(Full Authority Digital Engine Control,FADEC)的发展过程,技术在不断地进步。FADEC 实现的功能越来越多,控制的精度也越来越高,使得发动机的性能得到了充分的发挥,同时控制系统的可靠性也不断提高。图 10-16 给出了一种带电子自动备份的全权限数字电子控制系统的组成示意图。系统由电子控制器(Engine Electronic Control Unit,ECU)、泵和计量装置组件(也称为液压机械装置,Hydro-Mechanical Unit,HMU)、传感器、燃油活门组件、燃油喷油系统和自动备份装置所组成。

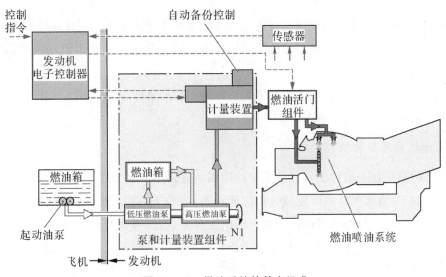

图 10-16　燃油系统的基本组成

泵和计量装置组件包含低压油泵、油滤、高压油泵和计量装置。计量装置响应电子控制器的指令,确定计量活门的开度,向发动机提供适量的燃油。燃油活门组件实现起动喷嘴和主供油之间的燃油分配,保证发动机启动时和正常工作的供油。传感器向电子控制器提供有关的测量参数信号。

电子控制器目前采用双通道结构设计,大大地提高了控制器的可靠性。电子控制器包含输入模块、计算模块、输出模块、存储模块等。电子控制器接受控制指令(即飞行员指令)和传感器信号,完成发动机的启动/停车控制、稳态控制、加/减速控制、安全保护、发动机状态监视与故障诊断,并提供维护信息等功能。

自动备份装置是一模拟电子装置,它独立于电子控制器(EEC)。当自动控制功能失效时,电子控制器将计量活门"冻结"在故障前位置,并启动自动备份装置。自动备份装置感受旋翼转速(即动力涡轮转速)来改变供油量以保持旋翼转速不变,从而实现对发动机的控制。备份控制模式下,发动机没有自动保护功能,飞行员应监视发动机的工作,避免发动机超转、超扭和超温。

10.3.3 控制系统

直升机对发动机的基本要求:在所有工作状况下保持旋翼的转速 N_R 不变,并对发动机和直升机提供安全保护,如最大扭矩限制,最大、最小燃气发生器转速限制,涡轮前温度 TET 限制,多发构型的发动机还设计有动力涡轮超转保护和负载匹配,等等。

1.控制系统的主要部件

整个控制系统包括飞机控制部件、发动机控制部件和燃油控制组件。这里主要介绍燃油控制组件。燃油控制组件由动力涡轮调速器、燃气发生器调速器、加速控制单元组件组成。

(1)动力涡轮调速器。该型调速器根据预测转速和实际转速来确定基准转速。

(2)燃气发生器调速器。该型调速器通过计量燃油流量来控制动力涡轮调速器所需的基准转速。

(3)加速控制单元组件。加速控制单元组件限制瞬态条件下的燃油流量变化量,这样可以避免加速期间压气机发生喘振。

2.直升机的总距杆操纵

直升机的总距杆一般位于飞行员座椅的两侧。它是用来改变直升机主旋翼的桨距。当拉起总距杆时,主旋翼叶片的桨距同时相应地增大;当放下总距杆时,主旋翼叶片的桨距同时相应地减小。总距杆操纵是通过一系列机械连杆完成的,总距杆的移动量决定了桨距的变化。为了防止无意识地操纵总距杆,总距杆使用可调摩阻的方式来防止误操纵。

如果改变叶片上的桨叶角,就会改变每个叶片上的迎角。随着迎角的变化,阻力也随之变化,这会直接影响到主旋翼的转速。随着桨距的增大,迎角增大,阻力增大,主旋翼的转速降低。减小桨叶角会减小攻角和阻力,而主旋翼转速增加。直升机运行中一项至关重要的事是保持恒定的旋翼转速,这需要按比例改变功率以补偿阻力的变化。这是通过油门控制或调速器来实现的,它可以自动调整发动机功率。

3.控制系统的工作原理

控制系统工作原理如图 10-17 所示。系统包含有 N2 转速控制器、N1 预置器、N1 转速控制器、N1 限制器、燃油流量 WF 限制器、计量活门,对多发飞机系统还设有功率匹配。

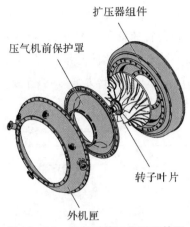

扩压器组件

压气机前保护罩

转子叶片

外机匣

图 10-17　控制系统工作原理简图

N2 控制器接受要求的 N_2^* 值和实际的 N2 转速值（即旋翼转速 N_R），将实际的 N2 与要求的 N_2^* 比较，当实际 N2 转速与要求的 N_2^* 转速不一致时，N2 控制器输出要求的 N_1^* 值。例如，飞行过程中上提总距杆，旋翼的总距增大，由于发动机工作状态没有改变，此时发动机的输出功率小于飞机要求的功率，旋翼的转速 N_R 会下降，即 N_2 小于 N_2^*，N2 控制器给出要求的 N_1^*，比原来的 N_1^* 更大，以增大实际的 N_1，来提高发动机输出功率从而满足飞机的要求。若总距杆下放，过程则完全相反。

N_1^* 限制器判断要求的 N_1^* 是否在安全范围内，以保证 N_1^* 在规定的最大和最小值之间。N1 控制器将实际的 N_1 与要求的 N_1^* 进行比较，计算确定要求的供入燃烧室的燃油流量要求值 WF^*。例如，若实际的 N_1 小于要求的 N_1^*，N1 控制器给出更大的燃油流量要求 WF^*。反之减少燃油流量。

WF^* 限制器保证要求的燃油流量 WF^* 是否在规定的范围内，以确保发动机的安全。然后控制器根据要求的 WF^* 改变计量活门的开度，向燃烧室供油。

N1 预置器感受总距杆的位置，当移动总距杆时，快速地给出一个粗略的 N_1^* 要求值，以缩短系统调节的过渡时间，确保发动机功率的快速反应，使 N_R 的波动范围更小，而更平稳。

4. 功率匹配/负载分配

如果直升机安装了多台发动机，那么主旋翼则通过多台发动机共同驱动。但是如果每台发动机的功率输出不一致，这种情况对发动机的结构强度有较大影响，会加剧零部件的耗损。因此，希望每台发动机的输出功率相同，即发动机的功率匹配。

功率匹配的基本原理为：为了实现每台发动机输出相同的功率，由发动机控制系统比较多台发动机的功率输出，当它们的输出功率不一致时，通过增大功率输出小的发动机的功率输出，最后使每台发动机的功率输出相同，这也称为匹配最大原理。

这里以双发直升机为例说明如何进行功率匹配。正常工作条件下，直升机旋翼由发动机的两台动力涡轮驱动，则有

$$N_R = k \cdot N_1 eng1 = k \cdot N_2 eng2 \tag{10-1}$$

两个动力涡轮调速器接收到的转速信号是相同的(包括来自总距操纵杆的信号),它们确定了发送到两个燃气发生器调速器的是相同基准信号,然后燃气发生器控制燃油流量以保持发动机的转速恒定(见图10-18)。由于功率与N1转速密切相关,且各动力涡轮之间的效率变化不大,因此获得了相当好的负载匹配。

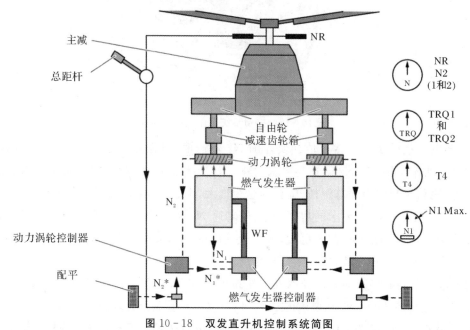

图 10-18　双发直升机控制系统简图

10.4　典型涡轴发动机的维护

目前涡轴发动机的设计融入了现代维护理念,如模块化设计、附件的良好可达性、快速拆装结构、视情维护等等,因而使发动机具有良好的可维护性。

本节结合 RR250-c20 发动机来简单介绍涡轴发动机性能趋势检查分析。发动机性能趋势检查分析是维修人员持续监控发动机性能的一种方法。发动机性能趋势检查分析能够让维修人员更有效地预测何时需要预防性维护,并视情安排一些非计划的维护检查。

罗尔斯-罗伊斯发动机公司强烈鼓励所有运营商在自愿的基础上利用性能趋势分析来补充其定期维护计划。一般而言,使用发动机性能趋势检查分析并不会改变适用维修手册对运行发动机在既定限值内的要求。如果经过罗尔斯-罗伊斯公司批准认可,发动机趋势分析程序可用于代替维修手册中给出的程序。

发动机性能趋势检查可在发动机寿命的任何时间启动。这个趋势分析的有效性取决于未修正数据的质量。任何导致飞行中数据出错的情况都会对趋势检查分析的有效性产生不利影响。并且应考虑在飞机上安装仪表的精度公差。

仪器误差可能会影响测量性能,表现在以下几方面。

(1)室外空气温度(OAT)每出现+5℃误差,发动机可用功率比实际功率降低4%。在室外空气温度探头附近使用精密水银温度计。阴凉处在读取读数之前,两个温度计至少保持15 min。比较安装的OAT仪表的精度。

(2)气压高度每出现300 ft误差,发动机可用功率比实际功率降低1%。将已知精度的高度表读数与飞行驾驶舱仪表读数进行取平均值来确定气压高度。

(3)大气总温(TOT)每出现+6℃误差,发动机可用功率比实际功率降低2%。应校准大气总温测量仪表,并且检查其量程是否适用。

(4)扭力计每出现+2%的误差,发动机可用功率比实际功率降低2%。应检查扭矩计的精度。

思　考　题

1.涡轴发动机的典型工作特性有哪些?

2.涡轴发动机与活塞式航空发动机相比有哪些优点?

3.涡轴发动机与涡喷、涡扇发动机相比有哪些特点?

4.简述涡轴发动机的工作原理。

5.涡轴发动机的主要部件有哪些?

6.涡轴发动机的进气装置的作用是什么?

7.涡轴发动机的燃气发生器包含了哪些部件,它们分别有什么功用?

8.涡轴发动机的动力涡轮的作用是什么?

9.燃气发生器涡轮和动力涡轮有什么区别?

10.涡轴发动机的排气装置的作用是什么?

11.简述涡轴发动机的减速齿轮箱的功用。

12.简述涡轴发动机的传动轴及附件齿轮箱的功用。

13.阐述涡轴发动机的滑油系统的工作原理。

14.涡轴发动机的滑油系统的主要工作部件有哪些?

15.简述涡轴发动机的燃油系统的工作原理。

16.涡轴发动机的燃油系统的主要工作部件有哪些?

17.简述涡轴发动机的控制系统的工作原理。

18.涡轴发动机的控制系统的主要工作部件有哪些?

19.当室外空气温度出现+5℃误差时,发动机的可用功率会出现什么情况?

20.当气压高度出现每300 ft误差时,发动机的功率会出现什么情况?

第11章 涡轮螺旋桨发动机

▶学习目标

  1.熟悉涡桨发动机的工作特点。

  2.熟悉涡桨发动机的工作原理及其结构。

  3.了解典型的涡桨 PW127H 发动机单元体。

11.1 涡轮螺旋桨发动机概述

涡轮喷气发动机在最高速度和高度性能方面优于活塞式航空发动机。而在起飞和初始爬升阶段,活塞式航空发动机性能优于涡轮喷气发动机。涡轮喷气发动机在高海拔和高速时效率最高,而螺旋桨在低速和中速飞行时效率最高(低于 450 mile①/h)。另外,螺旋桨还能提高起飞和爬升性能。为了在一台发动机中结合两种发动机的最佳特性,研发了涡轮螺旋桨发动机。使用涡轮螺旋桨为动力的飞机还具有配备恒转速、全顺桨和反桨的优势,这在采用活塞式航空发动机为动力装置的飞机上是不常见的。

涡轮螺旋桨发动机和大多数其他燃气轮机的主要区别是它将能量转化为推力的方式。涡轮喷气发动机和涡轮风扇发动机提取最小的能量来驱动压气机和附件齿轮箱,然后将剩余的能量转化为出口高速气体以产生反推力。涡轮螺旋桨飞机使用螺旋桨将涡轮动力转化为推进力,不依赖发动机出口气体速度。为了实现这一点,涡轮螺旋桨发动机通常设有动力涡轮,其目的是从高温燃气中提取能量来驱动螺旋桨。涡轮螺旋桨发动机的效率非常高,它可以将流动气体能量的 80% 到 90% 转换成有用的功。

11.1.1 涡桨发动机的工作特点

涡轮螺旋桨发动机具有以下特点:①发动机重量轻;②发动机里移动的部件相对较少,机械可靠性高;③发动机操作简单,振动少,推重比高,使用螺旋桨起飞和着陆。尽管涡轮螺旋桨发动机的结构比同等尺寸和功率的涡轮喷气发动机更复杂、重量更重,但它在低亚声速下提供更大的推力。然而,随着飞行速度的增加,这种优势会逐渐减少。

在正常巡航速度范围内,涡轮螺旋桨的推进效率(输出功除以输入功)随着速度的增加

---

①   1 mile=1.61 km。

而降低。涡轮螺旋桨发动机工作时最佳的范围:时速为 $300 \sim 450$ mile($480 \sim 720$ km/h),高度为从海平面到 20 000 ft(6 000 m)。在这个范围内涡轮螺旋桨发动机具有最高的推进效率和最低的燃油消耗量。当飞机飞行速度增加超过 450 mile/h,螺旋桨叶片叶尖出现超声速气流流动,产生激波形成额外的阻力,减少发动机推力,发动机效率会迅速降低。在标准日海平面条件下,典型涡轮螺旋桨发动机的螺旋桨产生的推力大约占总推力的 90%。另外,它们在起飞和着陆所需的低速下也性能优异,而且燃油效率高,这主要是由于涡轮螺旋桨飞机在起飞和爬升过程中螺旋桨能够在飞机以相对较低速度飞行时加速大量空气。

所有涡轮发动机都与常吸气(非增压)活塞式航空发动机相似,因为最大可用功率几乎是海拔升高的直接函数。虽然随着飞机爬升到更高的高度功率会降低,但发动机的燃油消耗率(以每马力每小时消耗的燃油磅数表示)会增加。

11.1.2　涡桨发动机与其他类型的发动机对比

1.涡桨发动机与活塞式航空发动机对比

涡轮螺旋桨发动机和活塞式航空发动机相比,具有重量轻、振动小等优点。

2.涡桨发动机与涡轴发动机对比

涡轴发动机通常通过动力涡轮轴输出功,以带动外界负荷,而且动力涡轮轴不一定从发动机前方输出。而对于涡桨发动机,要求动力涡轮轴向发动机前方输出功。

3.涡桨发动机与涡喷、涡扇发动机对比

与涡轮喷气和涡轮风扇发动机相比,涡桨发动机具有油耗低和起飞推力大的优点。受螺旋桨性能的限制,涡桨发动机飞机飞行速度一般不超过 900 km/h。因此,在大型远程运输机上,涡轮螺旋桨发动机已为涡轮风扇发动机所取代,但在中、小型运输机和通用飞机上仍有广泛应用。

11.1.3　主要工作参数

1.当量轴功率(ESHP)N_{equ}

活塞发动机的功率输出以马力(hp)为单位,其功率主要由转速和总管的压力决定。然而,涡轮螺旋桨发动机的功率是用轴功率(shp)来测量的。轴功率由转速和施加在传动轴上的扭矩决定。由于涡轮螺旋桨发动机是燃气涡轮发动机的一种,它的部分推进力是由离开发动机的排气产生的,把这部分推力加在轴功率上,就可以确定发动机总功率或当量轴功率(eshp)。一般来说,喷气推力通常不到发动机总功率的 10%。下述介绍如何计算当量轴功率 N_{equ}。

(1)发动机有效功率 N_e。涡桨发动机驱动螺旋桨的功率为发动机有效功率,可表示为 N_e。

(2)螺旋桨轴功率 N_s。发动机提供给螺旋桨的功率为螺旋桨轴功率,可表示为 N_s。发动机有效功率与螺旋桨轴功率的关系可用公式表示为

$$N_S = N_e \eta_m \tag{11-1}$$

式中：η_m——减速器的机械效率，一般为 $0.97 \sim 0.98$。

（3）螺旋桨的推进功率 N_B。螺旋桨的推进功率是螺旋桨的拉力与飞机飞行速度的乘积，即

$$N_B = p V_{fly} \tag{11-2}$$

式中：p ——螺旋桨拉力；

v_{fly} ——飞行速度。

（4）螺旋桨效率 η_B。螺旋桨的效率是螺旋桨的推进功率与发动机提供给螺旋桨的轴功率之比，即：

$$\eta_B = \frac{N_B}{N_S} \tag{11-3}$$

从式（11-3）可以看出，螺旋桨的效率越高，说明发动机有效功率转变成螺旋桨推进功率所占的比例越大，损失的功率越小，螺旋桨的性能越好。目前螺旋桨效率可达 $0.85 \sim 0.87$。显然，当发动机在原地工作时，由于此时飞机的飞行速度等于零，故螺旋桨的推进功率等于零，所以螺旋桨的效率等于零。螺旋桨效率与螺旋桨的几何形状、尺寸、桨叶迎角以及飞行速度等因素相关。

为确定发动机的总功率，将喷气产生的推进功率折合为螺旋桨轴功率。螺旋桨轴功率与喷气推进功率折合到桨轴的功率之和即为当量轴功率，它描述了涡桨发动机总的轴功率或发动机总的功率输出能力，可用公式表示为

$$N_{equ} = N_S + \frac{F V_{fly}}{75 \eta_B} \tag{11-4}$$

式中：N_{equ}——当量轴功率，hp；

N_S——螺旋桨自身轴功率，hp；

η_B——螺旋桨效率；

F——喷气推力，daN；

v_{fly}——飞行速度，m/s。

【例1】 某涡桨发动机的飞行速度为 250 mile/h（kn），螺旋桨轴功率为 600 马力（hp），同时发动机的排气还产生 100 磅（1 b）的推力，如果螺旋桨效率为 0.85，求该涡桨发动机的当量轴功率。

解 已知：$v_{fly} = 250$；kn $= 128.6$ m/s；$N_S = 600$ hp；$F = 100$ lb $= 45.3$ daN；$\eta_B = 0.85$。

当量轴功率：$N_{equ} = N_S + \frac{F v_{fly}}{75 \eta_B} = 600 + \frac{45.3 \times 128.6}{75 \times 0.85} = 691.5$（hp）

当发动机在地面工作时，飞行速度为零，发动机推进功率为零，所以，此时无法利用式（11-5）来计算发动机当量轴功率大小。由实验得知，发动机在地面工作时，螺旋桨要产生 1 kgf[①] 的拉力，需要 $0.83 \sim 0.91$ hp 的轴功率，利用此换算系数，就可以得出发动机当量轴功率，用公式表示为

---

① 1 kgf = 9.8 N。

$$N_{equ,0} = N_{S,0} + KF_0 \qquad\qquad (11-5)$$

式中：$N_{equ,0}$——飞行速度为零时的当量轴功率；

　　$N_{S,0}$——飞行速度为零时，螺旋桨的轴功率；

　　F_0——飞行速度为零时，发动机的喷气推力。

　　K—— 取值 $0.83\sim0.91$，称为马力折合系数，单位为 hp/daN。

【例 2】　在试车台上试验某涡桨发动机时，测得螺旋桨轴功率为 2 655 hp，喷气推力 F_0 为 271 daN，取马力折合系数为 0.90，求此时发动机当量轴功率。

解　已知：$N_{S,0}=2\,655\,hp$；$F_0=271\,daN$；$K=0.90$。

当量轴功率：$N_{equ,0}=N_{S,0}+KF_0=2\,655+0.90\times271=2\,899\,hp$

2. 当量燃油消耗率 sfc_{equ}

发动机每产生 1 hp 的当量轴功率在每小时内消耗的燃油量，称为当量燃油消耗率。显然，当量燃油消耗率越低，经济性越好。

涡桨发动机起飞当量燃油消耗率为 $0.20\sim0.28$ kg/(hp·h)，可以看出已接近活塞式航空发动机的经济性。

11.2　涡桨发动机的分类与结构

涡桨发动机十分适合用于起飞重量大，经济性好，同时对最大速度要求不高的大型固定翼飞机。比如国内的运-8、运-9 运输机，新舟 60 和新舟 600 飞机，俄罗斯的图-95 轰炸机和安-12 飞机用的都是涡桨发动机。

11.2.1　两种类型的涡桨发动机

涡轮螺旋桨发动机有两种多级涡轮构型：固定轴式和自由涡轮式。在固定轴式涡轮螺旋桨发动机中，所有涡轮级都连接到一根轴上。该轴不仅驱动发动机压气机，还通过减速齿轮箱驱动螺旋桨。在自由涡轮式发动机中，涡轮级与两个完全独立的轴相连，一根轴驱动发动机压气机，另一根轴通过减速齿轮箱驱动螺旋桨。

1. 固定轴式

固定轴式涡轮螺旋桨发动机是采用一根固定轴来直接驱动整台发动机。压气机、燃气发生器和动力涡轮安装在一根与减速箱和传动轴直接连接的公共轴上。这根单轴与减速齿轮相连。这种布局被也称为齿轮耦合式。

在这种类型的发动机中，环境空气通过发动机进气道引入至压气机。两级离心压气机中会增加空气压力，并将其向后引导至燃烧室。燃烧室由燃烧室、过渡衬套和涡轮增压室组成。雾化燃油通过燃油喷嘴喷射到燃烧室内的空气中。一部分空气也包裹着燃烧室，为燃烧室提供冷却和隔热。混合气体最初由高能火花塞点火，膨胀的燃烧气体流向涡轮。高温高速气体的能量通过涡轮转子转化为主轴上的扭矩。减速器将主轴的高转速低扭矩转换为低转速高扭矩,用来驱动附件和螺旋桨。经过涡轮膨胀后的尾气通过排气管进入大气(见图11-1)。只有大约10％的通过发动机的空气实际用于燃烧。高达20％的压缩空气可能会被排出,用于加热、冷却、座舱增压和气源系统。超过一半的发动机功率用于驱动压气机,在发动机出现风车故障的情况下,压气机可能会产生非常高的阻力。

在固定轴式恒速涡桨发动机中,发动机转速可能在96％～100％的这段窄范围内变化。在地面操作期间,转速可能会降低到70％。在飞行中,发动机由螺旋桨调速器来调节发动机维持恒定速度运转。功率变化是通过增加燃油流量和改变桨叶角而不是发动机转速来实现的。燃油流量的增加会导致温度升高,并相应增加涡轮可用的能量。涡轮吸收更多的能量,并以扭矩的形式将其传递给螺旋桨。增加的扭矩迫使桨叶角增加,以保持恒定速度。涡轮前温度是产生功率中需要考虑的一个非常重要的因素。它与燃油流量直接相关,因此与产生的功率直接相关。但是考虑到燃烧室和涡轮两部分材料的强度和耐久性,必须对其进行限制。利用控制系统调节燃油流量以产生特定温度,并限制这些温度,从而保障燃烧室和涡轮的温度不超限。发动机设计为在其整个使用寿命内100％正常运行。其所有部件,如压气机和涡轮,在转速设计点或其附近运行时效率最高。

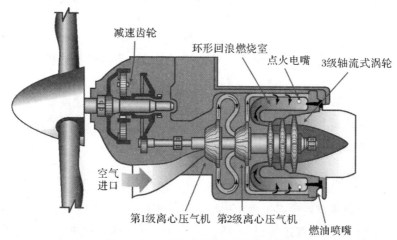

图 11-1　固定轴式涡轮螺旋桨发动机

这种单轴发动机能够对功率的快速变化做出响应。从最小功率输出到最大功率输出的变化仅受螺旋桨响应时间的限制。在发动机转速较低时,涡轮吸收的大部分功用于驱动压气机和辅助齿轮箱,留下很少的动力来驱动螺旋桨。在这种情况下,螺旋桨的阻力可能会使发动机减速,因此桨叶角必须减小到零。在发动机启动期间,这一功能尤其重要,因为必须降低螺旋桨阻力负载,以实现启动加速。同样,当发动机从低转速加速到高转速时,必须将桨叶角保持在较低或较小的桨叶角度,以使加速过程不受螺旋桨负载的阻碍。一旦发动机功率增加,桨叶角可能会增加以适应它。发动机功率的进一步增加会导致转速和桨叶角相应增加。通过改变桨叶角来增加或减少螺旋桨阻力负载,这样可以保持发动机转速不变。

2.自由涡轮式

在这种类型的发动机中,燃气发生器和动力涡轮之间没有机械连接。燃气发生器的轴与驱动减速齿轮箱和螺旋桨的轴是分开的,这两根轴只有气动连接。两个轴相互独立,只有高温燃气流过其涡轮。如普惠 PT - 6 发动机,螺旋桨由单独的涡轮通过减速齿轮驱动。螺旋桨与发动机的涡轮和压气机不在同一轴上。与固定轴发动机不同,在自由涡轮式涡桨发动机中,螺旋桨可以在飞行中或在地面上顺桨,而发动机仍在运行。自由动力涡轮设计允许飞行员选择所需的螺旋桨调节转速,而不考虑发动机的基本转速。

典型的自由动力涡轮螺旋桨发动机有两个独立的反向旋转涡轮。一个涡轮驱动压气机,另一个通过减速齿轮箱驱动螺旋桨。发动机中的压气机由一个三级轴流压气机和一个离心压气机组成。轴流压气机和离心压气机安装在同一轴上,作为一个单元体运行。环境空气通过发动机后部附近的环形增压室进入发动机,并连续地向前流经压气机。气流通过离心压气机的径向扩压器再进入燃烧室,在燃烧室中,气流流动方向实际上是相反的。燃烧产生的气体再次反向流动,通过每级涡轮向前膨胀。离开涡轮后,气体通过发动机前部附近的两个排气口排放到大气中(见图 11 - 2)。

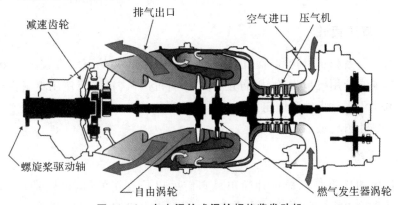

图 11 - 2　自由涡轮式涡轮螺旋桨发动机

自由涡轮的设计允许螺旋桨以其最有效率的转速运行,而独立燃气发生器可以让压气机和涡轮以最佳转速运行以获得最高效率。采用自由涡轮使得螺旋桨能够在低转速下运行,以降低叶尖速度和噪声。这种设计也适用于直升机发动机,因为它不需要离合器机构,大大减轻结构复杂程度和重量。转子变速箱可由自由涡轮以合适的转速驱动,同时燃气发生器以最佳运行转速运行。自由涡轮式的螺旋桨发动机很容易启动,因为燃气发生器是独立启动,不受螺旋桨上空气阻力的阻碍。实际上,燃气发生器可以在螺旋桨保持静止的情况下运行。因此,这种发动机的一个优点就是具有良好的寒冷天气启动特性,另一个优点是螺旋桨产生的气动力或振动不会传回燃气发生器。该类型发动机主要的缺点是在发动机加速过程中,响应时间较慢。燃气发生器的快速加速不一定会在自由涡轮和螺旋桨中产生瞬时加速响应。这种特性在复飞或短着陆过程中快速应用反向俯仰功率的情况下不适用。螺旋桨从低速加速到最高转速的能力受到自由涡轮和螺旋桨本身的响应时间的限制。

11.2.2　典型涡桨发动机的站位

发动机主通道各特征截面编号称为站位,以便于参数记录和叙述。典型涡桨发动机的站位可结合 PT6 涡桨发动机进行说明,如图 11 - 3 所示。

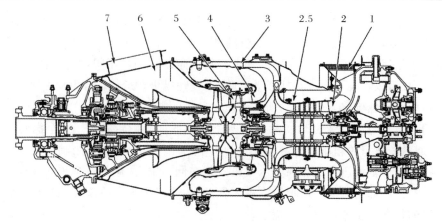

图 11-3　PT6 涡桨发动机的站位

1—进气装置进口；2—压气机进口；2.5—压气机中间级；3—压气机出口；

4—涡轮进口；5—涡轮中间级；6—涡轮出口；7—排气装置出口

11.2.3　减速齿轮

减速是通过一系列正齿轮和行星齿轮实现的。使用正齿轮可实现较小的减速，但较大的高扭矩减速通常使用行星齿轮，以防止形成对偶扭矩，这将需要使用更坚固（更重）的壳体。减速比取决于主动齿轮和固定齿轮的尺寸之间的关系。目前常见的减速齿轮为平行正齿轮型和行星减速齿轮型。

1. 平行正齿轮

平行正齿轮的优点是机械设计简单。它们可以是直切的，也可以是螺旋形的（见图 11-4）。直切齿轮更容易切割，摩擦损失最小，但是噪声比较大。扭矩变化还可能导致单个轮齿上的高负载。高侧向负载需要大型重载轴承。齿轮齿的螺旋啮合则允许扭矩变化可以更加缓慢地开始，从而减少噪声，但功率传输的效率却降低了。齿轮齿角采用了一个用滚珠或圆锥滚子轴承处理的轴向组件。

图 11-4　螺旋与直齿轮类型

2. 行星减速齿轮

行星齿轮装置包括动力涡轮轴上的两个太阳齿轮，该齿轮驱动多个行星齿轮，这些行星齿轮与固定环形齿圈或旋转齿圈相互啮合。减速齿轮比不受行星齿轮数量或其上的齿数的影响,而是通过将齿圈和太阳齿轮上的轮齿之和除以齿圈上的齿数来计算(见图 11-5)。

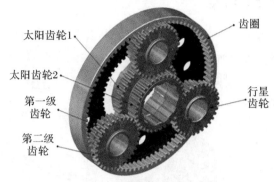

太阳齿轮1　齿圈
太阳齿轮2
第一级齿轮　行星齿轮
第二级齿轮

图 11-5　常见的行星减速齿轮

(1)固定环。对于固定环形布局,外部固定齿圈或环固定在固定位置。行星齿轮连接到与传动轴相连的保持架或托架上。当动力涡轮轴转动太阳齿轮时,行星齿轮绕着固定齿圈转动。行星齿轮架旋转时,使得传动轴的旋转方向与动力涡轮轴的旋转方向相同。螺旋桨的旋转速度取决于减速比。

(2)旋转环。这种布局中的行星齿轮在固定小齿轮轴上旋转。动力涡轮轴驱动太阳齿轮,从而转动行星齿轮,行星齿轮反过来驱动齿圈。齿圈与传动轴相连,它将以与动力涡轮轴相反的旋转方向驱动传动轴。

3. 典型的减速齿轮箱

典型发动机的减速齿轮箱(见图 11-6)为二级偏置式,总减速比为 16.67:1。它的一端与动力涡轮相连,另一端与螺旋桨相接,可以将动力涡轮的转速(NPT 20 000 r/min)减至适合螺旋桨工作的转速(NP 1 200 r/min)。

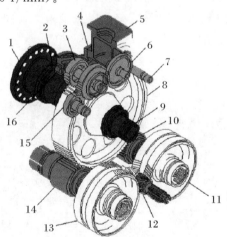

图 11-6　典型发动机的减速齿轮箱

1—螺旋桨安装法兰盘;2—螺旋桨轴封严;3—齿轮;4—RGB 前壳体;5—RGB 后壳体;
6—液压泵传动齿轮;7—超速调节器传动轴;8—二级正齿轮(135 齿);9—螺旋桨轴;10—二级正齿轮(38 齿);
11——级斜齿轮(108 齿);12—输入轴斜齿轮(23 齿);13——级斜齿轮(108 齿);14—二级正齿轮(38 齿);
15—交流发电机传动齿轮;16—螺旋桨前滚棒轴承

11.2.4　涡轮螺旋桨组件

涡轮螺旋桨组件提供了一种高效灵活的方式，可以在飞行中的任何条件下使用发动机的功（alpha 范围），如图 11-7 所示。

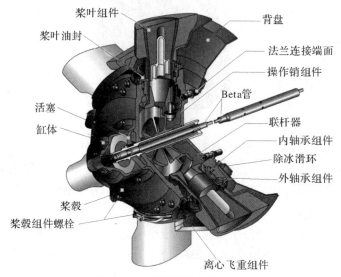

图 11-7　涡轮螺旋桨桨毂组件

对于地面操纵和反桨（beta 范围），螺旋桨可以提供零推力或负推力。螺旋桨组件的主要子组件包括桨毂、整流锥、低桨距止动器组件、超速调速器、桨距控制装置、辅助泵、顺桨和回桨活门、扭矩马达、除冰计时器、beta 反馈组件和螺旋桨电子控制等。

现代涡轮螺旋桨发动机使用全权限数字发动机控制（FADEC）来控制发动机和螺旋桨。整流锥组件是一种锥形结构，它安装在螺旋桨上以减少阻力。同步相位系统旨在保持主螺旋桨和从螺旋桨之间的预设角度关系。

典型螺旋桨飞机的操纵杆如图 11-8 所示，通过功率杆、状态杆和螺旋桨控制器进行操纵。现在新的设计都是使用与 FADEC 控制器相连的电子油门控制。

图 11-8　典型螺旋桨飞机的操纵杆

涡轮螺旋桨控制组件有一个顺桨系统,当发动机在飞行中关闭时,该系统使螺旋桨顺桨。如果发动机需要再次启动,螺旋桨也可以在飞行过程中回桨。大型涡轮螺旋桨发动机的螺旋桨控制系统不同于小型发动机,因为它们是双向作用的,这意味着液压用于增加和减少螺旋桨叶片角度。

螺旋桨制动器通常安装在齿轮箱中。螺旋桨制动器的设计目的是防止螺旋桨在飞行中顺桨时风车,并减少发动机停车后螺旋桨完全停止的时间。

超速是指实际发动机转速高于驾驶员在螺旋桨控制装置上设定的期望发动机转速的情况。超速调速器是螺旋桨调速器的备份,它安装在减速齿轮箱上。超速调速器有离心飞重和分油活门,每当螺旋桨转速超过 100% 以上的预设限制时,它就会从螺旋桨中释放压力油。释放出来的压力油会使桨叶角叶增大,从而降低转速。

11.3　典型涡桨发动机单元体及维护介绍

11.3.1　典型涡桨发动机的单元体

本节结合 PW127H 涡轮螺旋桨发动机介绍涡桨发动机的单元体。该发动机由两个大单元体组成:涡轮机械单元体和减速箱单元体。这两个单元体被连接成一个刚性整体。

涡轮机械单元体里面可分为进气道模块、压气机模块以及涡轮模块(见图 11-9)。它的具体组成为:两个由独立轴向涡轮驱动的离心叶轮、一个环形回流燃烧室和一个为减速箱提供驱动的两级动力涡轮。

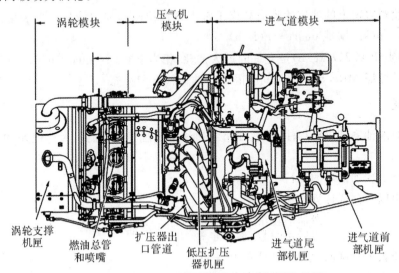

图 11-9　PW127H 涡桨发动机涡轮机械单元体

减速箱包括一个附件驱动盖和前部壳体、后部壳体以及输入驱动壳体(共同构成壳体组件)等 3 个壳体,如图 11-10 所示。减速由两级齿轮系完成。前壳体固定两个二级齿轮轴和传动轴的前滚柱轴承,以及螺旋桨的滚珠推力轴承轴。

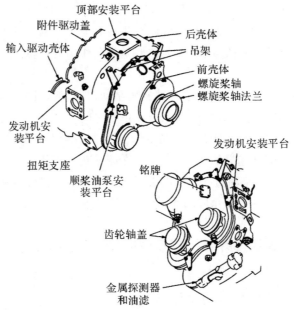

顶部安装平台
附件驱动盖
输入驱动壳体
后壳体
吊架
前壳体
螺旋桨轴
螺旋桨轴法兰
发动机安装平台
扭矩支座
顺桨油泵安装平台
铭牌
发动机安装平台
齿轮轴盖
金属探测器和油滤

图 11 - 10　PW127H 涡桨发动机减速箱单元体

11.3.2　涡桨发动机滑油消耗趋势监控

1. 概　述

(1)将使观察窗上的油位达到最高或正常工作油位而添加的油量以图表形式记录。单位可以是 b[①]/h(kg/h)或 quart[②]/h(L/h)。

(2)0.5 b/h(0.227 kg/h)是允许的最大油耗,相当于 0.270 quart/h(0.256 L/h)。

(3)必须按照 MRB 建议的时间间隔进行油位检查和补充。

2. 步　骤

(1)在对滑油系统进行加注时,往油箱添加油量至观察窗上的最大标记处,即加满油箱,测量并记录。

(2)检查上次加油后的飞行小时数。

(3)使用以下公式计算滑油消耗率:

$$\frac{滑油消耗量[参考步骤(1)]}{飞行小时数[参考步骤(2)]}=滑油/每小时$$

(4)在图表上绘制油/小时值(见图 11 - 11)。

(5)必须检查滑油消耗量超过最大允许值或突然/逐渐增加的情况。确定并找出其原因(参考故障隔离)。

---

① 1 b=0.454 kg。

② 1 quart=1.136 5L。

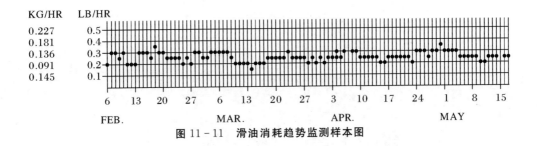

图 11-11 滑油消耗趋势监测样本图

思 考 题

1. 涡桨发动机的工作特点有哪些?

2. 涡桨发动机与其他类型的发动机对比有什么优点?

3. 涡桨发动机的主要性能参数有哪些?

4. 涡桨发动机的基本组成部件有哪些?

5. 常见的涡桨发动机有哪几种类型?

6. 减速齿轮的作用是什么?

7. 常见的减速齿轮有哪些类型?

8. 超速安全装置的作用是什么?

9. 涡轮螺旋桨组件包含了哪些子组件?

第12章 螺　旋　桨

▶学习目标

1. 掌握螺旋桨的桨叶概念、螺旋桨的运动以及作用在螺旋桨上的力。
2. 了解螺旋桨的振动及平衡、桨距的定义、螺旋桨的功率和效率的定义。
3. 熟悉螺旋桨调速器的主要部件及其工作原理。
4. 熟悉螺旋桨的同步系统及防冰系统的工作原理。
5. 了解螺旋常见的检查、维护和安装工作。

螺旋桨(见图 12-1)属于飞机的推进器,将发动机旋转轴输出的机械能转化成飞机向前飞行的动力。发动机与推进器一起被称为航空器的动力装置。

几乎所有早期设计的飞机都使用螺旋桨产生拉力。随着气动科学的进展,螺旋桨的设计从只推空气向后的平板翼型发展到产生升力拉飞机向前的翼型。螺旋桨是应用新材料产生较薄翼型截面和较大的强度。目前使用的飞机的螺旋桨以铝合金为主要结构材料,也有少量使用木质结构的螺旋桨。通过使用新的叶型、复合材料、多桨叶结构等方式,螺旋桨的设计与制造得到进一步的发展。

图 12-1　螺旋桨

12.1　螺旋桨原理

12.1.1　螺旋桨的桨叶

现代螺旋桨至少有 2 个桨叶连接到中心桨毂上。为了理解螺旋桨如何产生拉力,必须熟悉一些基本术语和部件名称(见图 12-2 和图 12-3)。

(1)前缘是桨叶的前部边缘。

(2)后缘是桨叶的后部边缘。

(3)叶尖是桨叶上距离桨毂最远的部分,通常规定为桨叶最后 152.4 mm(6 in[①])的那段。

(4)叶柄是桨叶靠近螺旋桨中心较厚的部分。

(5)叶根又叫桨叶轴,安装于桨毂内,为桨叶的终端。

(6)叶背是桨叶型面向上凸的曲面部分,类似于翼型的上表面。

(7)叶面又叫叶盆,是桨叶平直的一面,类似于翼型的下表面。

桨毂组件的毂孔将螺旋桨安装在发动机曲轴(活塞式发动机)或减速器组件上。

每个桨叶作为转动的翼型产生前向的拉力。

螺旋桨旋转时,桨尖所画图的直径叫螺旋桨的直径。

螺旋桨旋转时,桨尖画出的圆所在的平面叫旋转面,它与桨轴相互垂直。

桨叶角 ϕ 是桨叶弦线和螺旋桨旋转平面构成的夹角(见图 12-3)。

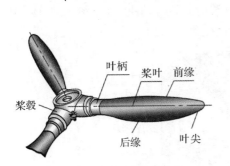

图 12-2　螺旋桨的部件

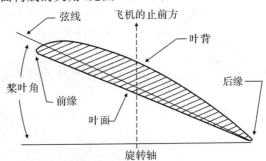

图 12-3　螺旋桨的桨叶

允许改变螺旋桨桨叶角的螺旋桨由一组夹环固定到桨毂组件,每个叶柄安装有粗端或凸肩,同桨毂组件的槽配合。在某些情况下,叶柄可能延长超过桨毂组件进入气流,在这种情况下,可安装根套以改善叶柄周围空气的流动(见图 12-4)。

为帮助沿螺旋桨桨叶长度方向识别特定的点,大多数螺旋桨有几个规定的桨叶站位,作为离桨毂中心的指定距离的参考位置(见图 12-5)。不仅桨叶横截面形状不同,而且桨叶是扭转的。

---

① 1 in=25.4 cm。

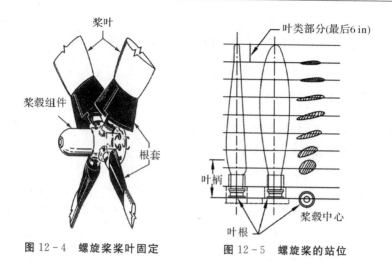

图 12-4　螺旋桨桨叶固定　　　　　图 12-5　螺旋桨的站位

12.1.2　螺旋桨的运动

当螺旋桨旋转通过空气时,类似于飞机机翼产生升力原理一样,在桨叶的叶背部即螺旋桨前面将会产生低压区。这个低压区同桨叶后面恒压区或高压区间的压力差使螺旋桨产生了前向的拉力。流过螺旋桨的介质对螺旋桨的反作用力在发动机轴线方向的分力称为螺旋桨的拉力。产生拉力的大小取决于桨叶迎角、螺旋桨转速和翼型的形状等几种因素。

当飞机开始向前运动时,在飞行中,螺旋桨一面旋转,一面前进,即桨叶上每一个点的运动轨迹都是一根螺旋线。桨叶迎角 α(又称桨叶攻角)是桨叶弦线和相对气流速度之间的夹角。相对气流速度的方向由飞机的飞行速度和螺旋桨的旋转运动决定(见图 12-6)。所以桨叶迎角随着桨叶角、飞行速度和切向速度的变化而变化。

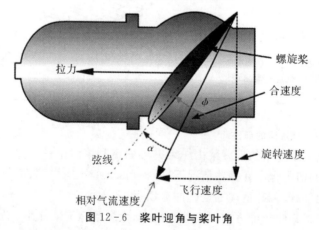

图 12-6　桨叶迎角与桨叶角

1.桨叶迎角随桨叶角的变化

在螺旋桨切向速度和飞行速度保持不变的情况下,桨叶角增大,桨叶迎角随之增大。

2.桨叶迎角随飞行速度的变化

在螺旋桨切向速度和桨叶角保持不变的情况下,飞行速度增大,相对气流速度方向偏离旋转面越远,桨叶迎角减小。当飞行速度增大到一定程度时,桨叶迎角可能减小到零,甚至变为负值(见图 12-7)。

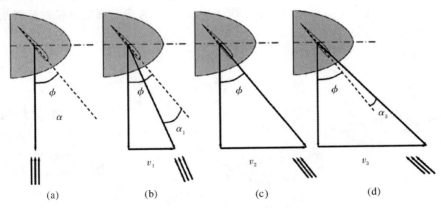

图 12-7 桨叶迎角随飞行速度的变化

(a)$v=0$,$\alpha=\phi$;(b)$v_1>0$,$\alpha_1=\phi$;(c)$v_2>v_1$,$\alpha_2=0$;(d)$v_3>v_2$,$\alpha_3<0$

3.桨叶迎角随切向速度的变化

在桨叶角和飞行速度不变的情况下,如果螺旋桨转速增加,或者桨叶切面所在半径增大,则切向速度增大,相对气流速度方向靠近旋转面,桨叶迎角增加(见图 12-8)。

螺旋桨和以同一速率通过空气的飞机机翼不一样,接近桨叶叶尖部分比靠近桨毂部分旋转的线速度大(见图 12-9)。例如,在离桨毂中心 18 in 的点以 1 800 r/min 旋转的叶片的线速度为

$$v=2\pi r \times rpm = 2 \times \pi \times 18 \times 1\ 800 = 203\ 575$$

即,叶片线速度为 203 575 in/min,相当于 192.7 mile/h,即 310 km/h。

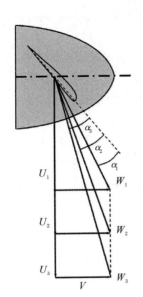

图 12-8 桨叶迎角随切向速度的变化

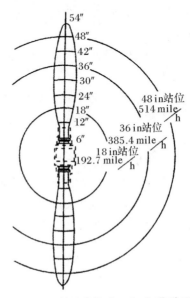

图 12-9 螺旋桨转速一定时,桨叶不同站位的速度

　　为补偿沿螺旋桨桨叶的速度差,桨叶每小段给定不同的角度。桨叶角从桨毂到叶尖逐渐减小称为桨距分配,因此螺旋桨桨叶形成扭转的三维形状(见图 12 - 10)。桨叶的扭转沿桨叶长度的大部分提供基本不变的迎角。除叶片扭转外,大多数螺旋桨接近桨毂用较厚的低速翼型,接近翼尖用较薄的高速翼型。

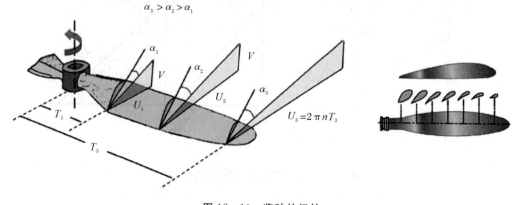

图 12 - 10　桨叶的扭转

12.1.3　作用在螺旋桨上的力

　　空气流过旋转的螺旋桨时,会受到离心力、拉力、扭力、气动扭转力、离心力扭转力以及振动力等各种同时存在、相互影响、复杂多变的力。气流流过桨叶截面时的流场、速度及受力综合情况如图 12 - 11 所示。

　　(1)气动拉力:当空气以相对速度流过桨叶时,将空气压缩,使螺旋桨桨叶位于发动机一侧产生的气动压力大于大气压力,因而产生拉力,称该拉力为气动拉力。

　　(2)叶形拉力:桨叶的形状也产生拉力,即空气流过桨叶的叶背时,流速增大,压力降低;空气流过桨叶的桨面时,流速降低,压力升高。空气流近桨叶前缘时,气流受阻,流速减慢,压力提高;流近桨叶后缘时,气流分离形成涡流,使压力下降。这样在桨叶的前后桨面和前后缘均形成压力差。

　　(3)桨叶的空气动力:这种压力差和气流作用于桨叶上的摩擦力综合在一起,就构成了桨叶的空气动力 R。

　　(4)拉力 F:作用于螺旋桨桨叶上的空气动力 R 在发动机轴线方向的分力就是拉力。各桨叶上的拉力之和就是整个螺旋桨的拉力。

　　(5)阻力 P:空气动力 R 在发动机垂直于轴线方向的分力就是阻力。阻力的方向与桨叶切向速度的方向相反。阻力与到桨轴中心距离的乘积就是阻力力矩,这个力矩由发动机轴的旋转力矩来克服。阻力力矩大于发动机的旋转力矩,螺旋桨的转速降低,反之,螺旋桨的转速升高;只有两者相等,螺旋桨才保持等速旋转。

　　1. 离心力

　　作用在螺旋桨的力中,离心力引起最大的应力。离心力可以描述为拉桨叶离开桨毂的力(见图 12 - 12)。

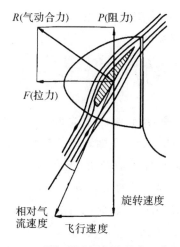

图 12-11　空气流过螺旋桨综合示意图　　图 12-12　螺旋桨转动时的离心力

离心力的大小与转速的平方、半径、质量成正比,因此桨叶尖部分受到的离心力最大,为了减少离心力,叶尖部分一般都采用薄翼型。而桨叶根部需要承受的内应力是整个桨叶的离心力的合力,因此离心力产生的内应力将会大于桨叶自身重力的 7 500 倍。

2.拉力弯曲力

该力试图将桨叶叶尖向前弯(见图 12-11 和图 12-13)。桨叶越接近叶尖越薄,使得叶尖产生的拉力向前弯叶片。

3.扭矩弯曲力

该力为相对于螺旋桨旋转运动的空气阻力(见图 12-11 和图 12-14)。该力试图在和桨叶转动相反的方向弯曲叶片。

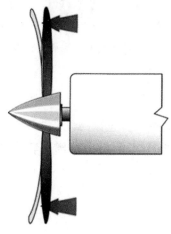

图 12-13　拉力弯曲力　　　　图 12-14　扭矩弯曲力

4.气动扭转力

当螺旋桨桨叶产生拉力时,当气动合力位于螺旋桨前部时,气动力将产生变大距的力矩,桨叶角有增大的趋势[见图 12-15(a)]。当气动合力位于螺旋桨的后部时则相反[见图 12-15(b)]。因此,气动扭转力可被设计用于增加或减小螺旋桨的桨叶角。

5. 离心扭转力

桨叶旋转时,各部分都要产生离心力。

以前缘微元体为例,因其位于桨叶弦线的左侧,螺旋桨前缘微元体产生的离心力 N 在水平方向会有一个指向左侧的分力,该力有使桨叶向旋转平面转动的趋势,而垂直方向分力因与螺旋桨旋转轴线垂直,无法转动;后缘微元体可作类似分析,该处微元体也有使桨叶向旋转平面转动的趋势。因此离心扭转力试图减小螺旋桨的桨叶角。

有的变距螺旋桨在桨叶根部固定有配重,当螺旋桨旋转时,类比于桨叶离心力的分析方法,配重产生的离心力将使螺旋桨变大距(见图 12-16)。

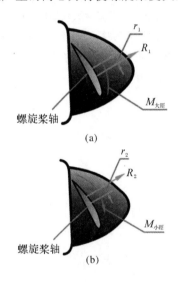

图 12-15　气动扭转力

(a)气动扭转力(变大距);(b)气动扭转力(变小距)

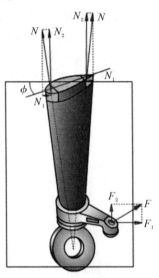

图 12-16　离心扭转力

6. 振动力

当螺旋桨产生拉力时,由于存在气动和机械力,叶片发生振动。某些发动机螺旋桨组合有能够发生严重的螺旋桨振动的临界范围。在这种情况下,临界范围在转速表上用红色的弧指示。螺旋桨设计允许某种程度的振动应力。

12.1.4　螺旋桨的振动及平衡

1. 螺旋桨的振动

无论是对涡桨发动机还是活塞螺旋桨发动机,发动机抖动或振动都将会使发动机的主要承力部件产生疲劳裂纹的可能性加大。虽然发动机设计时允许一定程度的振动,但是基于安全性考虑,振动一直是发动机使用和维护过程中重点关注的项目之一。

发动机振动可能是螺旋桨的不平衡引起的,也有很多其他方面的原因,因此,发动机抖动类的故障排除工作需要综合性的分析与验证,有一定的难度。发动机可能由于不平衡、桨叶角不合适或者螺旋桨的轨迹检查不合格等产生振动,不管是哪种原因,螺旋桨都会在整个转速范围内振动,只是振动的强度可能会随着转速的变化而有所变化。

如果发动机的振动集中于某一个特定的较小的转速范围内(例如:2 200～2 350 r/min),那么这类振动一般不是螺旋桨的问题,而是发动机与螺旋桨的匹配不良所致。如果怀疑螺旋桨的振动值过大,但是又不能明确断定故障的原因,那么如果条件允许,理想的排故方法是更换另一副已知适航的螺旋桨,然后进行地面振动测试和试飞验证。一般来说桨叶的抖动不是振动的主要来源。一旦发动机正常工作,强大的离心力会将桨叶牢牢地拉紧固定于桨毂上,形成一个刚性的整体,使得桨叶振动的强度与幅度都很小。座舱振动有时可以通过对螺旋桨与曲轴的安装角度的调整进行改善。可以拆下、转动 180°或者重新安装螺旋桨进行调整。振动超限的最主要的原因可能是螺旋桨的整流锥安装不当。当发动机转动时,可以明显看得出来整流锥的晃动。这种情况通常是由于整流锥前部支撑点垫片厚度不足或者是整流锥有裂纹或者变形等情况造成的。

2.螺旋桨的平衡

螺旋桨的平衡分为静平衡、动平衡和气动平衡。

要充分地发挥发动机和螺旋桨的性能,螺旋桨的平衡是关键。螺旋桨进行静态平衡和动平衡。当螺旋桨的重心同它的转轴一致时,螺旋桨是静平衡的。

(1)静平衡。检查螺旋桨静平衡用刀刃法或悬挂法。刀刃法较简单和更精确。检查螺旋桨平衡前首先保证桨叶角全一样。

螺旋桨应做水平和垂直平衡检查。对于两个桨叶的螺旋桨组件,1 号桨叶在垂直位置,然后重复另一桨叶在垂直位置。如果螺旋桨是垂直平衡的,它将保持在垂直位置。如果存在垂直不平衡,螺旋桨将有静止在水平位置的趋势(见图 12-17)。

图 12-17 垂直平衡检查

对两个桨叶的螺旋桨组件进行水平平衡检查时,如果是平衡的,它将保持在水平位置。

如果存在水平不平衡,一个桨叶将趋于向下移动,引起螺旋桨静止在垂直位置(见图 12－18)。

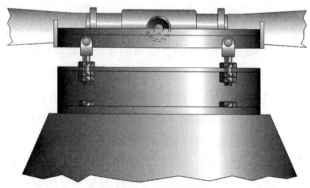

图 12－18　水平平衡检查

三叶螺旋桨的静平衡要求放置螺旋桨在 3 个基本的试验位置。正确平衡的三桨叶螺旋桨应当是每个桨叶在 6 点钟位置时都没有转动的趋势(见图 12－19)。

图 12－19　三桨叶螺旋桨静平衡

(2)动平衡。完成了静平衡工作后,不代表螺旋桨就可以正常运转,还需要完成动平衡。当桨叶重心在不同一平面旋转时,螺旋桨是动不平衡的。换句话说,当转子部件的质量分布在较长轴上时,虽然静平衡保障了总体质量中心在旋转轴上,但旋转轴线很可能不与惯性主轴重合,即垂直于旋转轴线的各个截面质量中心不都在旋转轴上,这时会有振动力矩产生,发动机出现动不平衡,超过一定的限度,就会出现发动机抖动的现象。

检查动平衡的现代方法是现场动平衡,要求螺旋桨、整流锥和相关设备装在飞机上进行检测与配平。发动机运转在特定的一个或者几个转速时,动平衡测试仪通过安装在发动机指定位置的加速度计测得发动机振动的即时加速度值和光学转速传感器测得到的位置信息,综合测定后给出不平衡的大小和位置。现代新型动平衡测试仪会给出螺旋桨配重调整量的参考信息。

(3)气动平衡。螺旋桨气动平衡指的是旋转轴线与桨叶拉力合力重合。螺旋桨的拉力合力取决于每一个桨叶的桨叶角、桨叶旋转轨迹和气动外形。如果每一个桨叶的桨叶角、桨叶旋转轨迹和气动外形都一样,桨叶拉力合力与旋转轴线重合。当桨叶的桨叶角不一致时,各桨叶所产生的拉力不一致,会产生动不平衡。桨叶旋转轨迹不在一个平面时,各桨叶所产生的拉力不一致,会产生气动不平衡。桨叶气动外形不一样时,各桨叶所产生的拉力不一致,也会产生气动不平衡。

12.1.5　螺旋桨的桨距

螺旋桨桨距是指螺旋桨转动一圈纵向前进的理论距离。桨距和桨叶角描述两个不同的概念,然而它们是密切相关的。如说一个螺旋桨有固定的桨距,实际上意味螺旋桨桨叶给定在固定的桨叶角上。桨距和桨叶角存在下述关系,即

$$H = 2\pi R \mathrm{tg}\varphi$$

式中:H——桨距;

　　R——螺旋桨特征截面半径;

　　φ——特征截面的桨叶角。

几何桨距定义为螺旋桨通过不可压缩介质转一圈前进的距离,没有任何效率损失。所以,桨叶角大,则几何桨距大。几何桨距是从距离桨毂中心至叶尖长度的 75% 点测量的。

有效桨距是指螺旋桨转一圈实际前进的距离。有效桨距从飞机在地面静止时的零到最有效的飞行状态几何桨距的 90% 左右变化。几何桨距和有效桨距之间的差值称为滑流(滑距)(见图 12-20)。螺旋桨滑流代表由于低效引起的总损失。滑流的大小影响拉力的大小。飞行速度的大小则取决于螺旋桨的有效桨距和转速。

如果螺旋桨有几何桨距 50 in,理论上转一圈它应向前运动 50 in。然而,如果飞机实际向前运动仅 35 in,有效桨距是 35 in 和螺旋桨效率是 70%。在这种情况下,滑流代表 15 in 或 30% 的效率损失。实际上,大多数螺旋桨效率是 50%~87%。

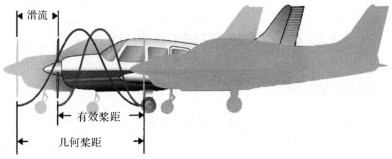

图 12-20　几何桨距和有效桨距

12.1.6　螺旋桨的功率和效率

螺旋桨的功率包括轴功率和推进功率。

1. 轴功率

轴功率(SHP)是指输送到螺旋桨的功率。而当量轴功率(ESHP)仅适用于涡桨飞机,是在计算总的功率输出时,轴功率加上喷气推力的影响。由于涡轴发动机和涡桨发动机通过旋转轴输出功率,在试车台上依据轴的转速和扭矩测量发动机产生的功率(HP)。在静态条件下,假定输送到螺旋桨上 1 shp 产生 2.5 lb 推力。则有

$$\mathrm{ESHP} = \mathrm{SHP} + R_{n(\mathrm{jet})}/2.5$$

式中：$R_{n(jet)}$——喷气产生的推力。

2.推进功率

螺旋桨的推进功率是拉力和速度的乘积。它由发动机的有效功率转变而来，但是由于涡流、摩擦、滑流等因素的存在，必然要损失部分功率，进而影响推进效率。

3.螺旋桨的效率

螺旋桨的效率是螺旋桨的推进功率和提供给螺旋桨的轴功率之比。因此，螺旋桨在原地工作时，速度为零，螺旋桨的效率等于零。如果其他条件不变，使螺旋桨效率最佳的迎角是在 $2°\sim4°$ 之间（见图 12-21）。如果迎角超过 $15°$，桨叶将会发生失速，使其推进效率急剧下降。

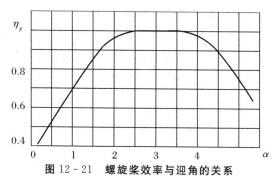

图 12-21 螺旋桨效率与迎角的关系

12.2　螺旋桨的分类与结构

12.2.1　螺旋桨的分类

螺旋桨按照在飞机上的安装位置，可分为牵引式和推进式。牵引式螺旋桨装在发动机的前面，拉着飞机前进。这种安装方式多见于陆上型螺旋桨飞机。推进式螺旋桨装在发动机后端，推动飞机前进。该安装方式多见于水上型或者水陆两用型螺旋桨飞机上。这类飞机如果使用牵引式螺旋桨，在水上起飞或着陆的时候扬起的水花对前面的螺旋桨叶片将会造成严重的影响，因此，推进式螺旋桨一般安装在机翼的后上方。

按照桨距确定的方法分类包括固定桨距螺旋桨、地面可调桨距螺旋桨、可控桨距螺旋桨、恒速螺旋桨。

（1）固定桨距螺旋桨。最简单的螺旋桨是固定桨距螺旋桨。包括：低桨叶角（见图 12-22）的固定桨距螺旋桨，常常称为爬升螺旋桨，为起飞和爬升提供最好的性能；高桨叶角（见图 12-22）的固定桨距螺旋桨，常常称为巡航螺旋桨，更适宜高速巡航和高空飞行。注意用这种类型螺旋桨，最佳转速或空速的任何改变都会减少螺旋桨的效率。

（2）可调桨距螺旋桨。地面可调桨距螺旋桨在飞行中桨叶角不能改变，在地面桨叶角可以改变。可控桨距螺旋桨在螺旋桨旋转时桨叶角可被改变。这使桨叶角为特定的飞行状态提供最好的性能。桨距位置的数目可被限制,如双位可控螺旋桨,或桨距的最小和最大给定之间几何角度调节。

（3）恒速螺旋桨。恒速螺旋桨有时称为自动螺旋桨,一旦驾驶员选择工作转速后,螺旋桨自动调节桨叶角以保持选择的转速。这种螺旋桨桨距的改变是由螺旋桨调速器控制的。典型的调速器利用滑油压力控制桨距。恒速螺旋桨提供最大的效率。

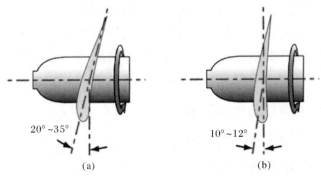

图 12-22　正常飞行时桨叶角位置对比

(a)高桨叶角;(b)低桨叶角

12.2.2　螺旋桨的结构

几乎所有螺旋桨都是由木料、钢材、铝材或某些复合材料制造的。

长期以来,木料是制造螺旋桨的最可靠的材料。木质结构能吸收发动机共振。除非木质材料有保护层,否则地面工作期间它们对沙石和碎屑是非常敏感的。木质螺旋桨由硬木薄片叠加起来的,通常使用 5～9 层单独薄片,每层厚度大约 3/4 in,用防水树脂胶粘合。桨叶材料干燥之后进行加工,使用型板和台式分度器,以获得所有站位上正确的外形和桨叶角。加工成型的桨叶外表面要包上用蒙布做成的保护层。为了提高桨叶的抗击打能力,在桨叶前缘和尖部包上金属蒙皮。金属蒙皮通常是镀铅锡钢板、锰钛合金等,靠埋头木螺钉或铆钉固定到桨叶上。螺钉头部被焊固到金属蒙皮上,以防止松动,焊料被锉平。在桨叶端部附近开有排水孔,排出积聚在金属蒙皮和木料之间的水分。

钢制螺旋桨只在老一代运输飞机上使用过。由于钢材重,所以将钢制桨叶做成空心的。复合材料螺旋桨近来较为流行,其特点是重量轻、耐用,还能吸收振动、防腐蚀,可以明显提高发动机的燃油经济性以及延长维修间隔降低维修成本。

现在大多数螺旋桨使用铝合金结构。它可以做成更薄、更有效的叶型而且有较好的结构强度。铝合金螺旋桨上翼型截面延长至接近桨毂能提供较好的空气流动,有利于发动机冷却。铝合金螺旋桨比木制螺旋桨更易于维护,而且使成本较低。目前通常用铝合金铸造成型,在表面进行阳极化处理。铝合金定距螺旋桨具有重量轻、维修费用低的特点,很容易做成桨叶安装角在地面调整的形式。

复合材料因具有重量轻、结构强度高、刚度大、稳定性好、抗疲劳、减振、可设计等优点,在螺旋桨制造中逐渐普及。复合材料主要有树脂基复合材料、金属基复合材料、金属间化合物基复合材料和陶瓷基复合材料等四大类,螺旋桨主要采用树脂基复合材料。

12.3 螺旋桨调速器

现代涡桨发动机大多采用恒速、可顺桨的螺旋桨,以提高发动机的性能和效率。该类型螺旋桨由一个或多个调节器控制。桨距的改变更广泛地被涡桨发动机用于改变拉力。不同于活塞式发动机,涡桨发动机转速响应较慢,调节燃油流量后需要较长时间改变发动机的功率从而改变螺旋桨的转速,因此,涡桨发动机的飞机不能在地面通过改变发动机转速来有效地控制飞机。而螺旋桨变距响应速度相对灵敏得多,因此,为易于地面操作,一般让燃气发生器转速保持相对不变,而改变螺旋桨桨距从而改变拉力。

12.3.1 螺旋桨调速器的主要部件

恒速螺旋桨系统中螺旋桨桨叶角由调速器作用改变而保持螺旋桨转速不变。几乎所有现代中、高性能飞机都使用恒速螺旋桨。

螺旋桨调速器是一个转速敏感部件,它根据转速的变化情况,通过对滑油进出螺旋桨桨缸控制进而改变桨叶角,再通过螺旋桨的功率与阻力自动匹配原理,最终使螺旋桨的转速回到初始值。调速器分成三个部分:头部、本体和基座。调速器头部包含离心飞重、转速计弹簧、控制滑轮和转速计架等。调速器本体包含螺旋桨滑油流动控制机构、分油活门、滑油油路、释压活门。基座包含增压泵、泵发动机上的安装面、引导发动机滑油到泵和滑油从螺旋桨返回发动机集油槽的油路(见图 12-23)。分油活门的位置由连到传动轴端部的离心飞重作用决定。当转速增加时,离心飞重向外张开,分油活门抬高(见图 12-24);当转速减小时,离心飞重向内收,分油活门降低(见图 12-25)。分油活门的移动响应转速的改变,引导滑油流动,调节桨叶角保持选定的转速。

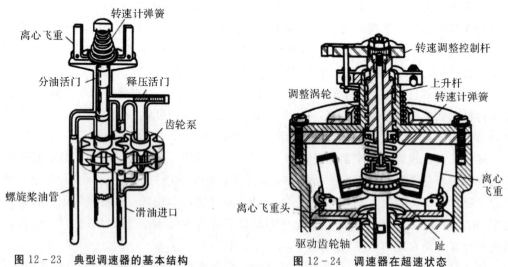

图 12-23 典型调速器的基本结构   图 12-24 调速器在超速状态

离心飞重的作用力由位于离心飞重上面的转速计弹簧力克服。弹簧力由驾驶员通过变距杆调节。当希望高转速时,前推驾驶舱变距杆,向下压缩转速计弹簧。增加的弹簧力使离心飞重向内,分油活门降低,引起桨叶角减小,螺旋桨负载减轻,即变轻桨,发动机轴功率大于螺旋桨阻力功率,因此转速增加,直到离心飞重离心力克服转速计弹簧力分油活门回到中立位置,变距过程结束。

无论何时离心飞重向外张开,分油活门抬高,调速器总是处于超速状态(见图 12 - 24)。当离心飞重向内收,调速器处于低速状态(见图 12 - 25)。当转速像调速器一样给定值时,调速器处于在目标转速状态(见图 12 - 26)。

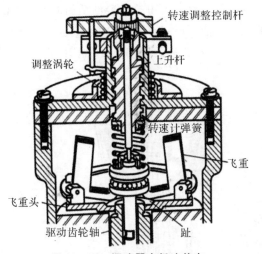

图 12 - 25　调速器在低速状态

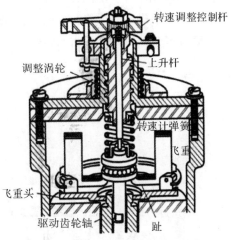

图 12 - 26　调速器在目标转速状态

12.3.2　螺旋桨调速器的工作原理

桨叶角增大叫变大距,桨叶角减小叫变小距。螺旋桨从高桨叶角返回低桨叶角叫回桨。螺旋桨调速器变距又可分为双向变距、正向变距和反向变距 3 种形式。

1.双向变距

螺旋桨变大距和变小距都是靠液体压力进行的,这种螺旋桨调速器称为双向液压式调速器(见图 12 - 27)。

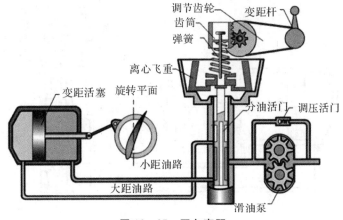

图 12 - 27　双向变距

　　驾驶舱内的变距杆固定在某一位置,即调速器弹簧力一定时,调速器自动保持某一相应的发动机转速。这时离心力与弹簧力平衡,分油活门处于中立位置,螺旋桨的桨叶角不发生变化。

　　如果由于某种原因引起发动机转速增大,例如飞行高度上升,造成阻力矩变小,或者飞机在下降高度过程阻力矩变小,等等,则离心飞重抬起分油活门的力量增大,分油活门上移。从滑油泵来的滑油进入大距油路,流入变距活塞左边的 A 室,变距活塞右移,螺旋桨变大距。同时,变距活塞右边 B 室的滑油顺着小距油路回油。随着螺旋桨桨叶角的增大,螺旋桨的阻力力矩增加,发动机转速减小。随着转速的减小,离心飞重抬起分油活门的力量也随之减小,分油活门又向下移,直到转速减小到原来的数值,分油活门回到中立位置,堵住变距油路,螺旋桨桨叶角不再变大,转速不再减小,调速器保持原来的转速不变(见图 12-28)。

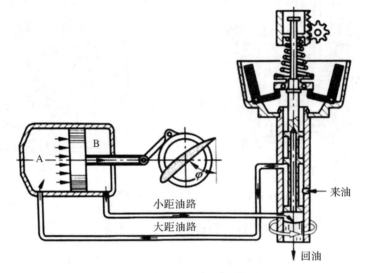

图 12-28　变大距工作情形

转速减小时调速器的工作与转速增大时的相反(见图 12-29)。

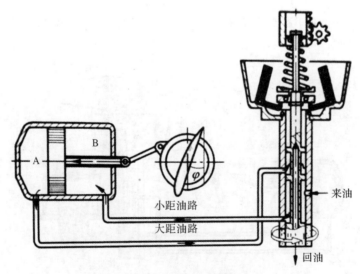

图 12-29　变小距工作情形

2.反向变距

有的螺旋桨不是完全依靠液体压力来变大距和变小距。用液体压力变大距,用螺旋桨桨叶旋转时所产生的离心力变小距叫反向变距(见图 12-30)。这种形式的变距,当油压损失时会自动变小距,因此,反向变距螺旋桨有定距机构。

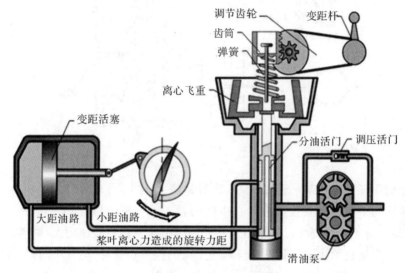

图 12-30　变小距工作情形

3.正向变距

螺旋桨由液体压力变小距,用螺旋桨上装置的配重所产生的离心力变大距叫正向变距(见图 12-31)。

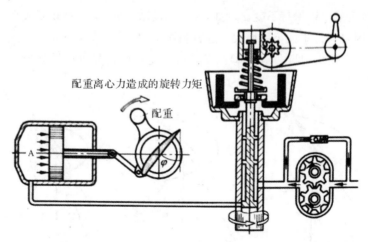

图 12-31　正向变距

如果需要改变装有以上两种调速器的发动机转速,同双向变距的情况一样,应通过操纵变距杆来实现。前推变距杆,调速器弹簧力增大,发动机转速增大;后拉变距杆,发动机转速减小。

4.电动调速器

有的机型上用的是电动式调速器,主要由离心飞重、弹簧、双向电动机、接触装置和继电器组成(见图 12－32)。

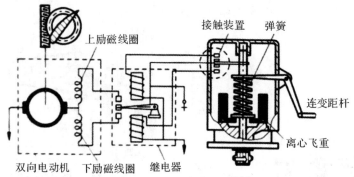

图 12－32　电动式调速器

驾驶舱变距杆固定在某一位置时,调速器弹簧力不变,自动保证发动机在某一转速工作。接触装置的中间接触点恰好停留在中间位置,与上、下接触点均不接触。电动机不转动,螺旋桨桨叶角不发生变化。如果由于某种原因引起发动机转速增大,则离心飞重向上抬起中间触点的力量也增大,中间触点上移,与上面的接触点接触,电动机随即转动,使螺旋桨变大距,发动机转速减小,直到转速回到原来的数值为止。中间接触点又回到中间位置,电路断开,电动机停止转动,桨叶角不再增大,发动机又回到原来的转速。发动机转速减小,调速器的工作情形与上面所述完全相反。如果需要改变发动机转速,应通过操纵变距杆来实现。

飞行速度、高度改变会引起发动机转速的变化,适当地改变桨叶角,使阻力力矩始终等于旋转力矩,转速就可以保持不变。例如,飞行速度增大时,桨叶迎角 α 减小,螺旋桨变"轻"发动机转速会因阻力力矩减小而增大。这种情况下,如果增大桨叶角 φ,发动机转速就不会随飞行速度增大而增大(见图 12－33)。发动机启动时螺旋桨应在低桨叶角位置,因为此时螺旋桨的阻力矩最小。

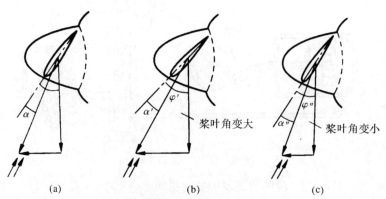

(a)　　　　　　　　(b)　　　　　　　　(c)

图 12－33　飞行速度变化时桨叶角的调节

(a)初始;(b)变大;(c)变小

12.3.3 顺桨、回桨和反桨

顺桨就是指在发动机空中停车后,把飞机的桨叶转到与飞行方向接近平行状态的操纵动作(见图 12-34)。此时桨叶角接近 90°,桨叶顺着气流的方向,可防止发生风车状态,减小飞行的阻力,避免损坏发动机。

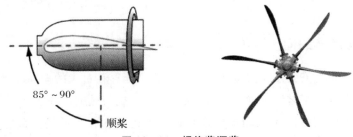

85°~90°
顺桨

图 12-34 螺旋桨顺桨

顺桨有自动顺桨和人工顺桨两种方式。当螺旋桨的负拉力增大到某一规定值,或发动机传给螺旋桨的扭矩突然下降到某一规定值时,螺旋桨自动进入顺桨,分别称为负拉力自动顺桨和扭矩自动顺桨;由人工控制使螺旋桨进入顺桨称为人工顺桨。

对于活塞式航空发动机,顺桨的实现是靠将调速器变距手柄拉回到它的行程极限位置。打开调速器内的通道,使滑油从螺旋桨排出,流回到发动机内,从而放泄了调速器内的滑油压力,使配重和顺桨弹簧能给桨叶顺桨。顺桨所需的时间取决于从螺旋桨到发动机滑油管路的大小和弹簧与配重的作用力。调速器的油路越大,弹簧越粗,顺桨动作越快。

涡轮螺旋桨发动机有专门的顺桨装置。由顺桨手柄操纵电动顺桨泵工作,提供油压,使螺旋桨顺桨或回桨。

回桨是把螺旋桨退出顺桨位置。回桨的实现,是靠将调速器变距手柄收回到正常的位置或者重新启动发动机。发动机一启动,桨叶便开始回桨,同时,螺旋桨马上开始自转,随着转速的上升,逐渐回桨。

反桨是螺旋桨桨叶角在需要时改变为负值的状态或过程。螺旋桨在反桨状态下,产生负拉力,给飞机增加前进阻力,因此这种状态主要用在飞机着陆滑跑时,它可有效地缩短滑跑距离。在装有可反桨的螺旋桨的飞机上,螺旋桨的桨叶角能够转到负值,产生负拉力(见图 12-35)。这可减短着陆滑跑距离和改善地面机动能力。

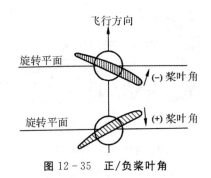

飞行方向
旋转平面
(-)桨叶角
旋转平面
(+)桨叶角

图 12-35 正/负桨叶角

12.4　螺旋桨辅助系统

螺旋桨辅助系统能改进螺旋桨性能和增强飞机全天候飞行能力。例如飞机降低螺旋桨噪声和振动的辅助系统。其他的辅助系统可用于螺旋桨桨叶除冰,用于保障安全性以及提高螺旋桨性能。

12.4.1　螺旋桨的同步系统

任何时间在飞机上安装多个发动机和螺旋桨都可能存在过大的振动和噪声。造成这个问题的原因是各个螺旋桨之间转速不一致,噪声相互干扰与叠加。基于这点,减少产生噪声和振动值的方法是匹配或同步发动机给定转速。现在通常有三种同步系统用在多发飞机上:主马达同步系统、一发主控制系统和相位同步系统。同步系统通过将所有螺旋桨精确控制在同一转速工作,减少振动。

(1)主马达同步,它用在早期型号飞机上。主同步器装置包括马达,它机械地驱动4个接触器装置,接触器装置电连接到发电机上。发电机由发动机的附件传动。因此,发电机产生电压的频率直接同发动机转速成正比。当系统工作时,要求的发动机转速由手动调节转速控制杆进行,直到仪表板上主转速表指示要求的转速。要求的转速给定后,发动机和主马达之间的任何转速差将引起相应的接触器装置操作螺旋桨变距机构,直到发动机转速匹配。

(2)一发主控制系统。目前,很多双发飞机装有更现代的螺旋桨同步系统。典型的同步系统包括有比较电路的控制盒、左发上专门的主调节器、右发上从动调节器和在右发动机舱的作动器。两个调节器包括频率发生器,产生与发动机转速成比例的频率(见图12-36)。

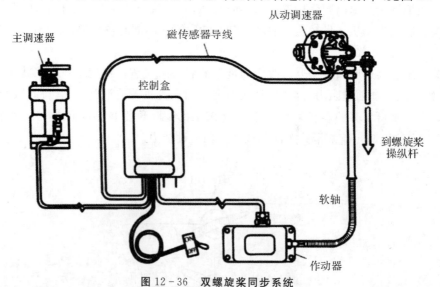

图12-36　双螺旋桨同步系统

用这种系统,控制盒的比较电路比较从动发动机和主动发动机的转速信号,如果存在转速差,控制盒送出相应的信号到作动器以调节从动调节器,直到发动机转速匹配(见图

12-37)。在大多数安装中比较电路有有限的工作范围,因此,为进行同步,从动发动机转速必须与主发动机转速差大约在 100 r/min(转/分)之内。

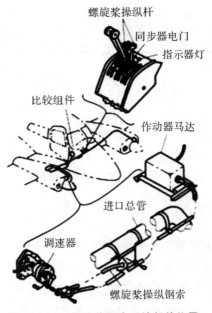

图 12-37 螺旋桨同步系统部件位置

(3)相位同步。螺旋桨相位同步系统允许驾驶员控制螺旋桨桨叶之间旋转面的角度差(见图 12-38)。该角度差称为相角,由驾驶员调节相角达到最低的噪声和振动值。例如 MA60/MA600 飞机的螺旋桨相位同步系统可使发动机的噪声降低 3~6 dB。

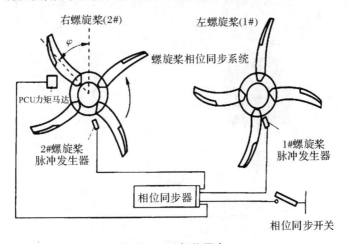

图 12-38 相位同步

典型的相位同步系统在每个发动机上装有脉冲发生器。每个发动机的脉冲发生器键入各自螺旋桨的指定桨叶,用于比较。随着每个螺旋桨指定的桨叶通过脉冲发生器,电信号送到相位控制电路。例如,双发飞机脉冲发生器键入 1 号桨叶,基于从每个脉冲发生器的电脉冲,相位控制装置决定每个螺旋桨 1 号桨叶的相对位置。驾驶舱中螺旋桨手动相位控制允许驾驶员手动选择产生最低振动和噪声的相角。向每个发动机产生的脉冲做比较,如果存在差值,相位控制组件将驱动从动调节器在螺旋桨之间建立选择的相位角(见图 12 - 39)。

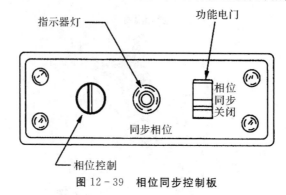

图 12 - 39　相位同步控制板

12.4.2　螺旋桨的防冰系统

像飞机结构一样,螺旋桨对结冰是敏感的,必须装有除冰系统。结冰会改变螺旋桨桨叶翼型形状,引起螺旋桨效率和拉力的损失。而且,在螺旋桨桨叶上形成的冰由于分布不均匀,会造成螺旋桨不平衡和破坏性地振动。螺旋桨容易结冰的部位有桨叶前缘和桨毂。

现在飞机螺旋桨可使用防冰或除冰系统。两者之间差别在于防冰系统的作用是阻止冰的形成,除冰系统是在冰形成后除掉冰。

(1)流体防冰。典型的流体防冰系统包括控制组件、防冰液箱和输送流体到螺旋桨和喷嘴的泵。控制组件可以调节泵的输出。防冰液从防冰箱经泵送到装泵发动机前机匣上的螺旋桨后面的喷嘴。随着流体通过喷嘴,进入称为甩液环的 U 形通道,离心力将防冰液通过输送管送到每个叶柄(见图 12 - 40)。

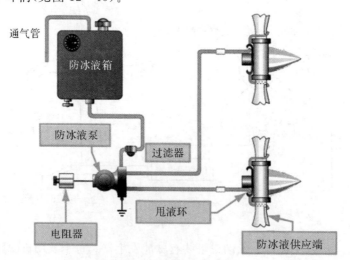

图 12 - 40　螺旋桨防冰系统

最通常使用的防冰液是异丙基酒精。因为它容易买到,而且成本低。其他一些防冰流体是用磷酸盐化合物制成的,在防冰性能上同异丙基酒精相当。用磷酸盐化合物制成的防冰液还具有可燃性低的优点,但价格相对比较贵。

(2)电除冰。螺旋桨电除冰系统包括电源、电源继电器、电阻加热元件、系统控制和定时器。电阻加热元件可装在每个螺旋桨桨叶内部或外部。外部安装的加热元件是除冰靴,并用批准的黏结剂连到每个桨叶。系统控制包括通/断电门、负载表和保护元件,如电流限制器或电路断电器。负载表是电流表,允许监视个别电路电流和目视证实定时器是否正常工作(见图 12 - 41)。

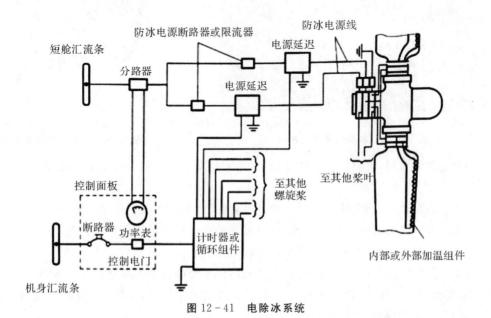

图 12 - 41　电除冰系统

飞机电源通过电刷和滑环供给桨毂。电刷装在发动机机匣螺旋桨的后面,而滑环装在螺旋桨桨毂组件的背面。桨毂上柔性接头通过滑环将电输送到每个加热元件。通过触摸螺旋桨电热防冰套的方法可以检验其是否被加热。电除冰系统通常设计成断续供电到加热元件,除掉积冰。如果冰积得过多,除冰有效性则减少。正确地控制加热间隔是关键。这需要使用定时电路,按预定程序循环供电加热元件。循环定时器供电加热元件周期是 15~30 s,整个循环时间 2 min。

12.5　螺旋桨的检查、维护和安装

12.5.1　桨叶角的检测

有时需要在指定的桨叶站位检查桨叶角,这时需要使用螺旋桨通用分度仪(见图 12 - 42)。

测量螺旋桨桨叶角之前,分度仪必须归零,或者调整到基准位置,通用的基准是螺旋桨桨毂(见图 12 - 43)。

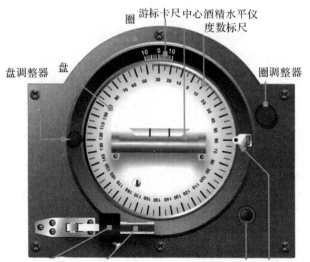

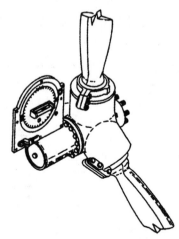

图 12-42　螺旋桨通用分度仪

图 12-43　桨叶角测量基准

（1）测量桨叶角时，将分度仪靠住叶面，转动圆盘调节器直到气泡位于水准仪中心（见图 12-44）。

（2）转动螺旋桨，直到要检查的第一片桨叶，使桨叶的前缘处于水平位置。

（3）找出桨叶叶面的基准标记位置，将分度仪的边放在桨叶面的基准位置上。

（3）转动圆盘调整钮，直到中心酒精水平仪水平为止。

（4）以圆上的零线为标志，从游标尺上零刻度所对应的数值便是桨叶角的度数。

如果桨叶叶面弯曲，在离前缘和后缘 1/2 in 的地方用 1/8 in 直径的圆棒连接，固定到螺旋桨叶片，为分度仪提供平面（见图 12-45）。

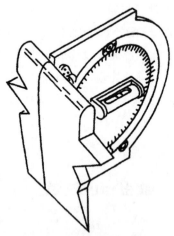

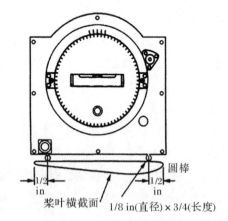

图 12-44　测量桨叶角

图 12-45　桨叶弯度补偿

12.5.2　桨叶轨迹检查

检查螺旋桨桨叶轨迹指的是检查每个桨叶叶尖随着它通过旋转弧时的轨迹，即通过检查螺旋桨的轨迹,比较桨叶叶尖彼此的相对位置。该程序是在查找振动问题或作为螺旋桨平衡和再安装的最后检查。在轻型飞机上,金属螺旋桨直到 6 ft 直径其叶片相互轨迹在 1/16 in之内。木制螺旋桨轨迹不应大于 1/8 in。

螺旋桨做轨迹检查之前,飞机必须锁定在静止位置,一般情况下是通过在各机轮放置轮挡防止飞机移动的。在地面放置固定的基准,离螺旋桨弧 1/4 in 之内。转动螺旋桨桨叶,标记每个叶片的轨迹,所有叶片轨迹最大差值不应超过上述限制值(见图 12 - 46)。

检查轨迹也可在飞机前缘上安装一根粗的金属丝或较细的杆子,稍微接触螺旋桨桨叶尖部,用手转动螺旋桨,观察下一片桨叶,测量杆子和桨叶之间的距离。继续这一过程,直到检查究所有桨叶(见图 12 - 46)。

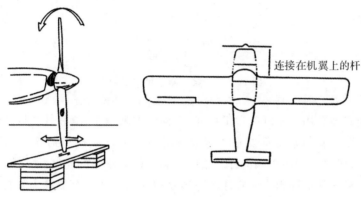

连接在机翼上的杆

图 12 - 46　螺旋桨轨迹检查

12.5.3　检查和维护

个人负责的专门检查项目和小的维护任务取决于螺旋桨和它的附件类型。下面讨论提供检查和维护的一般信息,对于专门的说明和使用限制应该查询有关的飞机或螺旋桨维护手册和服务通告。

为了易于检查,螺旋桨应该清洗。木制螺旋桨可用温水和中性肥皂,用刷子和布清洗。如果飞机工作接近盐水,螺旋桨应常用淡水冲洗。如果清洗后检查显示有缺陷,必须进一步检查或修理,这时可能需要拆下螺旋桨。

木制螺旋桨通常发现的缺陷包括分层、表面上压坑和伤痕。其他可能的损伤包括叶背或叶面裂丝毫或伤疤、断裂、扭曲、中心孔和螺栓孔磨损或尺寸过大。当对木制螺旋桨修理之后,必须再施加保护涂层。然而,保护涂层的恢复改变了桨叶的平衡。因此,桨叶检修后必须检查螺旋桨的平衡。木制螺旋桨存放时应水平放置,保持湿气均匀分布。此外,存放处应该保持冷、暗、干燥和通风良好。

铝合金螺旋桨耐用和维护相对便宜。然而,损伤严重足以引起桨叶故障。因此,铝合金螺旋桨必须定期仔细检查。年检和 100 h 检查要求包括:是否有裂纹、压坑、螺栓扭矩是否正确。清洗之后,要检查铝合金桨叶上是否有点蚀、压坑、刻痕、裂纹和腐蚀等。损坏敏感的区域包括前缘和叶面。为帮助检查,可用 4 倍的放大镜。怀疑有裂纹应做着色渗透检查。铝合金桨叶表面缺陷的修理必须在平行于长度进行。螺旋桨边缘典型修理最大允许的尺寸深度为 1/8 in,长度不大于 1.5 in(见图 12-47)。如果一个桨叶叶尖修短,则其余桨叶必须修短到一样尺寸。

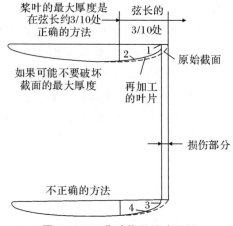

图 12-47　桨叶修理尺寸限制

1—最大原始半径;2—再加工轮廓到最大厚度点;3—半径太大;4—轮廓太钝

叶背和叶面修理后用非常细的砂纸抛光,表面施加阿罗丁、漆和其他批准的保护涂层。

所有可调桨距螺旋桨系统都要在一定间隔时间内进行检查和勤务工作。在很多情况下,润滑是勤务工作之一。用于润滑螺旋桨的油脂必须有正确的防磨和塑性。换句话说,批准的油脂减少运动零件的擦阻力和在压力下容易成任何形状。存放螺旋桨桨叶时要对其防锈处理,蜡纸包装,定期检查。

12.5.4　螺旋桨的安装

将螺旋桨连接到发动机曲轴上的方法因曲轴的类型不同而不尽相同。目前有 3 种类型的飞机发动机曲轴:带安装边的轴、锥形轴和花键轴。安装螺旋桨应考虑定心、传扭和固定,以使螺旋桨工作可靠和不产生振动。

带安装边的轴有定位销孔,用螺栓和螺帽将螺旋桨固定在轴上。通常,定位销孔要安排得只能让螺旋桨安装在一个位置。有的是预先将带螺纹的圈压入螺栓孔,不再需要螺帽(见图 12-48)。

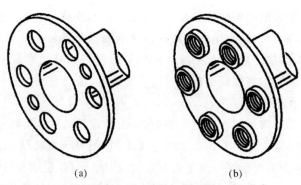

　　　　　(a)　　　　　　　　　　　(b)

图 12-48　带安装边的轴

(a)带有定位销孔的安装边;(b)有螺套的安装边

安装螺旋桨时,遵守螺旋桨制造厂建议的紧周次序是重要的,以避免在螺旋桨桨毂中导致应力(见图12-49),交叉按力矩要求值拧紧螺栓后必须再依次检验各螺栓力矩值。

在某些低马力发动机上,曲轴是锥形的,螺旋桨安装端带螺纹。为防止螺旋桨在轴上转动,在轴上装有一个大键槽,键保持螺旋桨在位(见图12-50)。

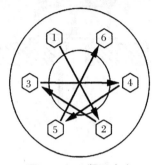

图12-49 紧固次序

图12-50 锥形轴

大多数发动机采用花键轴,其中一个两倍宽度的主键保证桨毂仅装在一个位置上(见图12-51)。用过规/不过规检查花键磨损,它的尺寸比花键间允许最大尺寸大0.002 in。量规在两个键槽之间测量,如有超过80%的键槽插不进去,则说明轴和键均可使用,如有20%以上键槽能插进去,说明曲轴已有过量磨损,必须更换。为确保螺旋桨桨毂在曲轴的中心,前锥和后锥应装在螺旋桨毂的每一侧(见图12-52)。可使用普鲁士蓝检查前、后锥的安装是否正确。其方法是:初装扭紧后拆下,前、后锥转移到毂上的普鲁士蓝面积不小于70%。

图12-51 花键轴

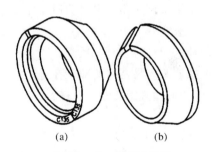

图12-52 前锥和后锥

(a)前锥(示出序列号);(b)后锥

一旦螺旋桨正确地扭紧,还必须打保险。由于安装的方法不同,保险的方法也不同。如果用螺栓将螺旋桨固定在带安装边的轮毂上,那么每对螺栓的保险丝必须在拉紧的方向(见图12-53)。如果安装螺旋桨使用的是槽顶螺母,那么则用开口销保险(见图12-54)。

一旦恒速螺旋桨已装好并保险后,应进行全面工作复查。必须遵守该型飞机地面运转程序和保证飞机处于安全状态。所有变距螺旋桨飞机的安装、操纵要求均相同,即螺旋桨变距杆必须校装,使得变距杆前移,转速增加,变距杆后移转速减少。发动机油门必须设置成前移增加拉力,油门后移减少拉力。发动机暖机和试验新安装的液压螺旋桨时,由调速器运动它经过整个行程几次。地面检查和调整成功完成后,进行飞行试验。飞行试验后,检查滑油是否泄漏和部件的牢固性。

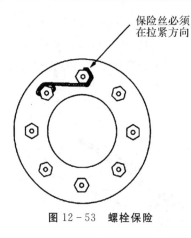

保险丝必须
在拉紧方向

图 12-53　螺栓保险

图 12-54　螺帽保险

思　考　题

1. 什么叫桨叶角？

2. 什么叫桨叶迎角？

3. 在螺旋桨切向速度和桨叶角不变的情况下，飞行速度增大，桨叶迎角如何变化？

4. 什么叫螺旋桨的几何桨距、有效桨距、滑流？

5. 什么叫螺旋桨的推进功率、螺旋桨的效率？

6. 螺旋桨调速器的主要功用是什么？

7. 什么叫变大距、变小距？

8. 什么叫顺桨、回桨、反桨？

9. 螺旋桨容易结冰的部位在哪里？

10. 如何检查螺旋桨的轨迹？

参考文献

[1] 许春生.燃气涡轮发动机[M].北京:兵器工业出版社,2006.

[2] 蒋陵平.燃气涡轮发动机[M].2版.北京:清华大学出版社,2016.

[3] 陈忠军.燃气涡轮发动机基础[M].北京:中国民航出版社,2014.

[4] BRAUHU R D. EASA Module 15 Gas Turbine Engines[Z]. Cologne:Aircraft Technical Book Company,2015.

[5] 宋静波.波音737飞机动力装置:CFM56-3 & APU[M].广州:中山大学出版社,2008.

[6] 宋静波.波音737NG飞机动力装置:CFM56-7B & APU[M].西安:西北工业大学出版社,2018.

[7] 唐庆如.活塞发动机[M].北京:兵器工业出版社,2007.

[8] 李卫东,赵廷渝.航空活塞发动机动力装置[M].成都:西南交通大学出版社,2004.

[9] 邓明.航空燃气涡轮发动机原理与构造[M].北京:国防工业出版社,2008.

[10] 黄燕晓,翟春红.航空发动机原理与构造[M].北京:航空工业出版社,2015.

[11] 付尧明.动力装置[M].大连:大连海事大学出版社,2017.